Q&A：入門意思決定論

——戦略的意思決定とは——

木下栄蔵 著

現代数学社

プロローグ

　この本は，意思決定論に関する数学モデルを勉強している学生や実際の業務で意思決定モデルの解析に従事している人たち，さらに直接仕事に関係なくても教養として数学を身につけたいビジネスマンのために意思決定論の数学モデルをわかりやすくまとめたものである．また，内容はＱ＆Ａ形式で解説しているので，問題を戦略的に把握できるはずである．

　著者は，名城大学都市情報学部で数理計画学，名城大学大学院都市情報学研究科で総合数理政策学の講義を行ってきている．また，このほかにも意思決定論に関する特別講義やセミナーをする機会にも恵まれてきている．

　本書は，これらの著者の講義・セミナーの経験および日頃の研究活動をもとにしているので，読者のみなさんにとって実用的で理解しやすい本になったものと信じている．また，適用例は，日常的でわかりやすく楽しい話題を選んでいるので，興味深く読んでいただけるはずである．

　最後に，本書の企画から出版に関わる実務にいたるまでお世話になった㈱現代数学社　富田栄氏に深い謝意を表したい．
　　2004年8月

著者　木下栄蔵

目　次

プロローグ ………………………………………………… *i*

第1章　意思決定分析 ………………………………… *1*
- Q1　意思決定基準 ……………………………………… *1*
- Q2　セントペテルスブルグの逆説 …………………… *6*
- Q3　効用関数 …………………………………………… *10*

第2章　線形計画法による意思決定 ………………… *16*
- Q4　線形計画法主問題 ………………………………… *16*
- Q5　線形計画法双対問題 ……………………………… *18*
- Q6　線形計画法輸送問題 ……………………………… *20*

第3章　動的計画法による意思決定 ………………… *24*
- Q7　多段階配分問題 …………………………………… *24*
- Q8　最適配分問題 ……………………………………… *28*
- Q9　最短経路問題 ……………………………………… *32*

第4章　ゲームの理論による意思決定 ……………… *37*
- Q10　ゲームの理論とは ………………………………… *37*
- Q11　ゲームの理論におけるジレンマ ………………… *40*
- Q12　ナッシュ均衡解 …………………………………… *45*

第5章　AHPによる意思決定 ………………………… *48*
- Q13　相対評価法 ………………………………………… *48*
- Q14　絶対評価法 ………………………………………… *52*
- Q15　順位逆転現象 ……………………………………… *57*

第6章　階層構造化モデルによる意思決定　　　63
　Q16　ISMとは　　　63
　Q17　ISMの応用例　　　68
　Q18　DEMATEL　　　73

第7章　社会的意思決定論　　　80
　Q19　DEMATELによる社会的意思決定　　　80
　Q20　順位法による社会的意思決定　　　85
　Q21　一対比較法による社会的意思決定　　　88

第8章　スケジューリングによる意思決定　　　93
　Q22　PERTとは　　　93
　Q23　PERTの応用例　　　97
　Q24　CPMとは　　　100

第9章　ネットワーク理論による意思決定　　　105
　Q25　オイラーの一筆書き　　　105
　Q26　ANP　　　109
　Q27　マルコフ連鎖　　　115

第10章　モンテカルロシミュレーションによる意思決定　　　120
　Q28　モンテカルロ法の基礎　　　120
　Q29　モンテカルロ法の応用　　　125
　Q30　ベルトランの逆説　　　127

付　録　　　133

エピローグ　　　136

第1章　意思決定分析

Q1　意志決定基準

　大泉総理は，やっと念願の政界トップの座に登り上がった．思い返せば，過去二度の総裁選は力量不足もあり，惨敗であった．今度の総裁選は，三度目の正直に賭け，国民に『構造改革』を朋友『小田中直子』と二人三脚で訴え続けた．政権与党『民政党』を自らの手で壊すとも豪語した．党内基盤の弱い大泉にとって，国民に直接語りかける戦術は大成功となり，地方からの声で大泉総理が誕生したのである．

　国会で総理の指名を受けた大泉は，これからのこの国のカジ取りは自分がやるのだ，と決意をあらたにした．しかし，同時に民政党の抵抗勢力である実力者達らとうまくやっていく必要があった．むしろ，これら実力者との調整が，この国の将来のためのビジョンを考える以上に大切なことも痛いほどわかっていた．

　さて，このようなとき，『聖域なき構造改革』（規制緩和・道路公団等の民営化・財政再建等々）の是非について白熱した議論が戦わされていた．

　ところで，この国の各政党は，本音として，『聖域なき構造改革』に対して種々の意見（温度差が存在している）がある．これらの多くの意見をまとめて合意形成にもっていくことは，多くの困難を伴うことは必至であった．

　さて，大泉総理は，どのような決断をするのであろうか？

A1

　そこで，この問題を意志決定基準より考えてみることにする．まず，この問題に対する意志決定策として，次の4つを挙げる．A案は，抵抗勢力の声を大切にして，『構造改革』はしないというもの．B案は，米国の声を多少取り入れて，少し『構造改革』をするというもの．C案は，世界の先進国

の情勢を考慮して，かなり『構造改革』をするというもの．最後のD案は，思い切って完全に『構造改革』をするというものである．

さて，これからの案の中で，どの案が最適であるかを考えてみよう．そのために，これらの案の満足度（数字が大きくなるほど，うまく事が運ぶ．すなわち，この国の安定度が大きくなる，と考えることができる）を客観的な数字であらわしたいのであるが，これらの満足度は，国内外の状況により大きく変化するものと思われる．そこで，シナリオとして，Ⅰ，Ⅱ，Ⅲ，Ⅳを考えた．シナリオⅠは，抵抗勢力の声が大きくなる状況を示しており，シナリオⅡは，諸外国の声が大きくなり日本が構造改革をせまられる状況を示している．一方，シナリオⅢは，国内の弱者（規制で守られている）が声高に叫ぶ状況を示しており，シナリオⅢは，Ⅰ，Ⅱ，Ⅲの折衷案である．それぞれの案に対する満足度を，それぞれのシナリオに応じて数字にあらわしてみた．その結果を表1-1に示す．この表から，どの案が最適かを科学的に結論ずけていただきたい．どのようにすればよいのであろうか．

このような意志決定問題を解く基準として，次の4つがある．その4つとは，ラプラスの基準，マキシミンの基準，フルビッツの基準，そしてミニマックスの基準である．これら4つの決定基準を説明して，それぞれの決定基準にしたがって，この例（構造改革の問題）を解くことにする．

案＼シナリオ	Ⅰ	Ⅱ	Ⅲ	Ⅳ
A　構造改革はしない	40	40	50	20
B　少し構造改革する	35	35	35	35
C　かなり構造改革する	30	60	30	20
D　完全に構造改革する	30	70	20	20

シナリオⅠ　　抵抗勢力の声が大きくなる状況
シナリオⅡ　　諸外国の声が大きくなり，日本が構造改革をせまられる状況
シナリオⅢ　　国内の弱者（規制で守られている）が声高に叫ぶ状況
シナリオⅣ　　シナリオⅠ，Ⅱ，Ⅲ，Ⅳの折衷案

表Ⅰ-1　　満足度指数　w_{ij}

1 ラプラスの基準

ある案の満足度は，各シナリオに対する満足度の平均値であらわされる．

$$W_L(a_i) = \frac{1}{m}\sum_{j=1}^{m} W_{ij} \quad (i=1,\cdots,n \quad j=1,\cdots,m)$$

(ある案の満足度) (案の数) (シナリオの数)

ラプラスの基準とは，この式において W_L（満足度）が最大になる案を選択することである．ただし，i は案の番号を，j はシナリオの状態番号をあらわしている．そして，

$$a_1 = A\text{案} \quad a_2 = B\text{案} \quad a_3 = C\text{案} \quad a_4 = D\text{案}$$

であり，

$$j_1 = \text{シナリオI}, \quad j_2 = \text{シナリオII}, \quad j_3 = \text{シナリオIII}, \quad j_4 = \text{シナリオIV}$$

をあらわしている（$n=4$, $m=4$）．さらに，W_{ij} は i 案の j シナリオに対する満足度をあらわしている．

このラプラスの基準は，式からもわかるように，シナリオの生起確率を等確率としてとったものである．この基準を最大にする選択するのであるが，この例では，次のような計算結果になる．

$A(a_1) \quad W_L(a_1) = \frac{1}{4} \times 40 + \frac{1}{4} \times 40 + \frac{1}{4} \times 50 + \frac{1}{4} \times 20 = 37.5$

$B(a_2) \quad W_L(a_2) = \frac{1}{4} \times 35 + \frac{1}{4} \times 35 + \frac{1}{4} \times 35 + \frac{1}{4} \times 35 = 35.0$

$C(a_3) \quad W_L(a_3) = \frac{1}{4} \times 30 + \frac{1}{4} \times 60 + \frac{1}{4} \times 30 + \frac{1}{4} \times 20 = 35.0$

$D(a_4) \quad W_L(a_4) = \frac{1}{4} \times 30 + \frac{1}{4} \times 70 + \frac{1}{4} \times 20 + \frac{1}{4} \times 20 = 35.0$

したがって，A 案（構造改革はしない）を選択することになる．これは，大泉総理の考えとも完全に反対である．

2 マキシミンの基準

ある案の満足度は，各シナリオに対する満足度の最低の値とする．

$$W_W(a_i) = \min_j W_{ij} \quad (i=1,\cdots,n \quad j=1,\cdots,m)$$

(ある案の満足度)

マキシミンの基準とは，この式において，W_W（満足度）が最大になる案を選択することである．この基準は，式からもわかるように，最も悲観的立場に立った基準である．シナリオは，選択した案に対してその結果が最悪となるような状態を出現させるという立場である．この例では，

$$A(a_1)\ W_W(a_1) = 20, \quad B(a_2)\ W_W(a_2) = 35$$
$$C(a_3)\ W_W(a_3) = 20, \quad D(a_4)\ W_W(a_4) = 20$$

となる．したがって，マキシミンの基準にしたがえば，B 案（少し構造改革する）を選択することになる．ただし，反対に最も楽観的な基準を考えることもできる．そして，これら 2 つの基準は，次に紹介するフルビッツの基準に統合される．

3 フルビッツの基準

ある案の満足度は，各シナリオに対する満足度の最高値と最低値の加重平均であらわされる．

$$W_H(a_i) = \alpha \max_j W_{ij} + (1-\alpha) \min_j W_{ij}, \quad 0 < \alpha < 1$$
$$(i=1, \cdots, n \quad j=1, \cdots, m)$$

フルビッツの基準とは，この式において，W_H（満足度）が最大になる案を選択することである．この基準は，式からわかるように，悲観論と楽観論を混合したもので，α が楽観の程度をあらわすパラメーター（助変数）である．この例では

$$A(a_1) \quad W_H(a_1) = 50\alpha + (1-\alpha) \times 20 = 30\alpha + 20$$
$$B(a_2) \quad W_H(a_2) = 35\alpha + (1-\alpha) \times 35 = 35$$
$$C(a_3) \quad W_H(a_3) = 60\alpha + (1-\alpha) \times 20 = 40\alpha + 20$$
$$D(a_4) \quad W_H(a_4) = 70\alpha + (1-\alpha) \times 20 = 50\alpha + 20$$

となる．したがって，($\alpha > 0.3$) のとき，D 案（完全に構造改革する）を選択することになる．これは，大泉総理の考えに一致する．

4 ミニマックスの基準

機会損失が最も小さい案を選択する基準である．

$$W_S(a_i) = \max_j V_{ij} \quad (i = 1, 2, \cdots, n)$$
（機会損失）

$$V_{ij} = \max_K W_{Kj} - W_{ij} \quad (i = 1, 2, \cdots, m)$$
（シナリオの不確実性のための不満足度）

ミニマックスの基準とは，上式において，W_S（不満足度）が最小になる案を選択することである．また，V_{ij} は，式からも明らかなように，もしシナリオの状態が真であるとあらかじめわかっていれば選択したであろう案に対する結果（$\max_K W_{Kj}$）と，シナリオの状態が真であると知らないばかりに選択してしまった a_i に対応する結果 W_{ij} との差である．これは，シナリオの形態の出現を知らなかったことに基づく損失，機会損失である．シナリオの状態は，機会損失を最大にするものが出現するという悲観的立場から $W_S(a_i)$ が定められる．このミニマックスの基準は，前述した3つの基準とは異なり，これを最小にする案を選定する．ところでこの例では，V_{ij} すなわち損失表は，表1-2のようになる．

ゆえに $W_S(a_i)$ は次のようになる．

$A(a_1)$　$W_S(a_1) = 30$
$B(a_2)$　$W_S(a_2) = 35$
$C(a_3)$　$W_S(a_3) = 20$
$D(a_4)$　$W_S(a_4) = 30$

案 \ シナリオ	I	II	III	IV
A 構造改革はしない	40	40	50	20
B すこし構造改革する	35	35	35	35
C かなり構造改革する	30	60	30	20
D 完全に構造改革する	30	70	20	20

表1-2　損失表

したがって，$W_S(a_i)$ の最小であるC案（かなり構造改革する）を選択することになる．

以上，4つの基準にしたがって意思決定をした場合，選択される案はすべて異なってくる．さて大泉総理，このパラドックスをいかにして解くのであろうか．

Q2 セントペテルスブルグの逆説

その昔，ロシアのペテルスブルグでのこと，二人の青年が一人の若い娘を同時に愛してしまった．しかも，二人のいちずな気持ちが，この娘の判断を鈍らせてしまった．仕方がないので，何かの勝負で決着をつけることになった．ピストルによる決闘も考えられたが，一方が死ぬことになり，周囲の人々の説得で中止になった．そこでサイコロの勝負をすることになった．

丁（偶数）か半（奇数）かを事前に予告して，その結果で争うこの勝負，ラスベガスのルーレットや，マカオの大小賭博と同一である．しかし，1回で勝負を決するのは，二人ともしのびなかった．何回か勝負をし，その平均値で決したかった．この場合，短い期間なら，特別ついている（強運）をかついていない（衰運）とかはあり得る．しかし，十分に長い期間をとれば，いかさまをしない限り，特に勝ったり負けたりはしないはずである．すなわち，勝ち負けはこの二人に均等に分配されているはずである．

たとえば，この娘を丁半のサイコロ勝負にかけたとする．すると，当たる確率は 1/2 で，当たらない確率も 1/2 になる．そして，当たれば 1 獲得するが，当たらなければ 0 で何も獲得することができない．このように，すべての可能性を平均した利得を期待値というが，丁半賭博における期待値 $E(X)$ は次のようになる．

$$E(X) = 1 \times \frac{1}{2} + 0 \times \frac{1}{2} = \frac{1}{2}$$

よって，多数回このゲームに興じれば，この娘を獲得できる期待値は 1/2 になる．したがってこのゲームでは，決着がつかないことになる．

そこで，一方の青年が，「丁半賭博よりおもしろいゲームがあるから，それで決着をつけよう」といいだした．このゲーム，サイコロを用いて丁・半で勝負するところまでは同じである．どこが違うかというと，一方がサイコロを振り，丁なら丁（丁か半かは事前に決めておく）がでれば，ゲームは終わ

るというものである．賭けた方の目が出るまで，サイコロを振り続けるのである．その結果，サイコロを投げた回数を N 回とすると，プレーヤー（サイコロを振った人）は，

$$X = 2^N \text{（円）}$$

獲得することになる．3回目にでれば，2の3乗で8円，5回目ならば2の5乗で32円獲得するのである．さて，このプレーヤーがこのゲームを十分長く続け多場合，獲得できる期待額はいくらになるのであろうか．すなわち，この娘を獲得できる水準は，どのくらいに設定すればよいのであろうか．この期待値を超えれば，運良く娘を獲得できるのだ．

そこで，このゲームの期待値（額）を計算するのであるが，丁半賭博のときと同じように，ある事象（サイコロを振る回数）の起こる確率と，そのときにプレーヤーが獲得する利得を計算し，整理すると，表1-3に示すようになった．したがって，プレーヤーの獲得する期待値は次のようになる．

$$E(X) = 2 \times \left(\frac{1}{2}\right) + 4 \times \left(\frac{1}{4}\right) + 8 \times \left(\frac{1}{8}\right) + 16 \times \left(\frac{1}{16}\right) + 32 \times \left(\frac{1}{32}\right) + \cdots\cdots$$

$$= 1 + 1 + 1 + 1 + 1 + \cdots\cdots = \infty$$

すなわち，サイコロを振る回数に関係なく，プレーヤーがある回数サイコロを振ったときに獲得するであろう利得の期待値は，1円になる．そしてサイコロを振る回数は無限大まで可能であるから，この場合，事象はあると考えられる．つまり，1円を無限回加えるのである．したがって，このゲームでプレーヤーが獲得するであろう利得の期待値（平均値）は無限大の金額になるという結論が得られたことになる（この娘が∞円というすばらしい価値をもっていることが発見された）．

サイコロを振る回数	事象の確率	プレイヤーの獲得する利得
$N=1$	$P(N=1) = \frac{1}{2}$	2（円）
$N=2$	$P(N=2) = \frac{1}{2^2} = \frac{1}{4}$	$2^2 = 4$（円）

$N=3$	$P(N=3)=\dfrac{1}{2^3}=\dfrac{1}{8}$	$2^3=8$ (円)
$N=4$	$P(N=4)=\dfrac{1}{2^4}=\dfrac{1}{16}$	$2^4=16$ (円)
$N=5$	$P(N=5)=\dfrac{1}{2^5}=\dfrac{1}{32}$	$2^5=32$ (円)
⋮	⋮	⋮
$N=i$	$P(N=i)=\dfrac{1}{2^i}$	2^i (円)
⋮ ∞	⋮	⋮

表 1-3

そこで,このゲームに勝利するために(すなわち娘を獲得するのに),どれだけのお金を支払うことにすれば,このゲームが「公正」といえるであろうか.期待値(平均値)の計算からは,無限大のお金ということになるが,二人の青年(プレーヤー)とも納得するであろうか.愛する女性のためなら無限大のお金を調達してくるのであろうか.

二人の青年が,ともに精神がノーマルであれば,このゲームをプレーするのに,わずか5円でさえ出そうとは思わない,と考えられる.

なぜなら,このゲームを無限に多くの回数プレーすることが可能であり,そして実際どれほど多くのお金を提供してみたところで,これは「公正なゲーム」であると認識するには程遠いものと思われるからだ.

これは,なぜであろう?

A2 実は,この問題の原型は,「セントペテルスブルグの逆説」という,有名なパラドックスに満ちたものである.このパラドックスを理論的に解析した人はいないが,次のように解釈するとわかりやすいと思われる.

たとえば,このゲームの胴元(この場は,くだんの娘であろうか?)が無限にお金を持っていなくて(誰が胴元でも当然である),2の50乗円しか持っていないと仮定する(2^{50}円! これはかなり高額であり,無限に近い金額である).したがって,サイコロを振る回数が50回を超えても,利得は2の50乗円(2^{50}円)とする.このとき,プレーヤーの利得の期待値はいくらぐらいになるであろうか.そこで,サイコロを振る回数Nと,そのときの確率と,

そのときにプレーヤーが獲得する利得を計算し，整理すると，表1-4に示すようになった．すなわち

サイコロを振る回数	事象の確率	プレイヤーの獲得する利得
$N=1$	$P(N=1)=\frac{1}{2}$	2（円）
$N=2$	$P(N=2)=\frac{1}{2^2}=\frac{1}{4}$	$2^2=4$（円）
$N=3$	$P(N=3)=\frac{1}{2^3}=\frac{1}{8}$	$2^3=8$（円）
⋮	⋮	⋮
$N=49$	$P(N=49)=\frac{1}{2^{49}}$	2^{49}（円）
$N=50$	$P(N=50)=\frac{1}{2^{50}}$	2^{50}（円）
$N=51$	$P(N=51)=\frac{1}{2^{51}}$	2^{51}（円）
⋮	⋮	⋮

表1-4

$$E(X) = 2\times\left(\frac{1}{2}\right)+4\times\left(\frac{1}{4}\right)+\cdots+2^{49}\times\left(\frac{1}{2^{49}}\right)+2^{50}\times\left(\frac{1}{2^{50}}\right)$$
$$+2^{50}\times\left(\frac{1}{2^{51}}\right)+2^{50}\times\left(\frac{1}{2^{52}}\right)+2^{50}\times\left(\frac{1}{2^{53}}\right)+\cdots\cdots$$
$$=1+1+\cdots 1+1+\frac{1}{2}+\frac{1}{4}+\frac{1}{8}+\cdots\cdots$$

となる．ところで，
$$P(N\geq 50)=\frac{1}{2^{50}}+\frac{1}{2^{51}}+\cdots\cdots=\frac{1}{2^{49}}\left(\frac{1}{2}+\frac{1}{4}+\frac{1}{8}+\cdots\cdots\right)$$
$$=\frac{1}{2^{49}}$$

ただし，
$$\frac{1}{2}+\frac{1}{4}+\frac{1}{8}+\cdots\cdots=1$$

である．したがって，この場合の期待値 $E(X)$ は次のようになる．
$$E(X)=2\times\left(\frac{1}{2}\right)+4\times\left(\frac{1}{4}\right)+\cdots+2^{49}\times\left(\frac{1}{2^{49}}\right)+2^{50}\times\left(\frac{1}{2^{49}}\right)$$
$$=1+1+\cdots\cdots 1+2=51\,（円）$$

すなわち，この娘が2の50乗円（2^{50}円）という多くのお金を持っていても，このゲームに参加したプレーヤーの獲得する利得の期待値は，たかだか51円である．また，仮にこの胴元（若い娘にはまず不可能だが）が2の100乗円（2^{100}円）という莫大な金を持っていたとしても，獲得する利得の期待値は，わずか101円である．

「このゲームに参加したプレーヤーの獲得する利得の期待値は無限大である」とした当初の結論は，どう考えても，パラドックスに満ちていることがわかる．そしてこのことは，結果が不確かな事柄を評価するには，期待値（大数の法則に基づいている）の概念ではなく，個人のもっている主観確率から求める平均効用値の概念で測定しなければならないことを教示している．

Q3 効用関数

ある北方の島国Aで，領土問題が起こった．というのは，10数年前ちょっとしたいざこざで，元来A国の領土であった4国の島が，隣接する軍事大国Bのものになってしまった．ところが，いまは友好関係を増し，A・B2国の間で，領土問題に関する交渉がはじまったのである．何回かの交渉の末，この北方4島は両国共有の領土として共同管理することになった．そしてこの4島からの収益を，「ある約束」のもとで配分することとなった．ある約束とは，クジのことである．というのは，配分率については交渉で結論が出ず，運を天にまかせる方法をとったのである．また，このクジは現在4島を管理しているBが作成し，A国が引くというものである．

たとえば，収益の配分率とクジの確率があらかじめわかっている図1-1のクジの場合を考えよう．Ⅰのクジは，配分率100％と20％を引きあてるのであるが，その確率は，それぞれ0.3と0.7とする．一方，Ⅱのクジは，配分率80％と10％を，それぞれ0.3と0.7の確率で引きあてる．このときA国の代表はⅠとⅡのうち，どちらのクジにトライするであろうか．この場合，成功・失敗いずれの結果においても，Ⅰのクジの方がつねに有利であり，Ⅰを採用するのは当然である．期待値（前項「セントペテルスブルクの逆説」参照）を計算しても結果は明白である．

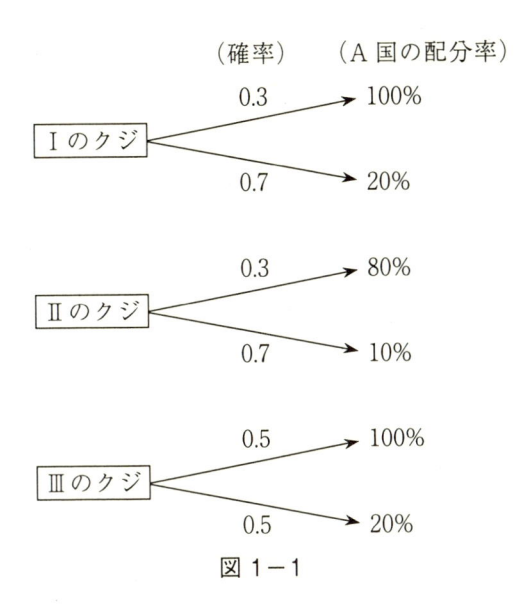

```
                 （確率）  （A 国の配分率）
                   0.3 ─→ 100%
        Ⅰのクジ
                   0.7 ─→ 20%

                   0.3 ─→ 80%
        Ⅱのクジ
                   0.7 ─→ 10%

                   0.5 ─→ 100%
        Ⅲのクジ
                   0.5 ─→ 20%
```

図 1-1

$\boxed{\text{Ⅰ}}$ のクジ　$E(\text{Ⅰ}) = 100 \times 0.3 + 20 \times 0.7 = 44 (\%)$

$\boxed{\text{Ⅱ}}$ のクジ　$E(\text{Ⅱ}) = 80 \times 0.3 + 10 \times 0.7 = 31 (\%)$

次に，図 1-1 に示した $\boxed{\text{Ⅲ}}$ を $\boxed{\text{Ⅰ}}$ のクジと比較してみよう．この場合，成功，失敗どちらでも，同じ配分になっているが，$\boxed{\text{Ⅲ}}$ のほうが成功確率が高いので，$\boxed{\text{Ⅲ}}$ のクジを選択するのは，これまた当然である．期待値の計算結果，

$\boxed{\text{Ⅲ}}$ のクジ　$E(\text{Ⅲ}) = 100 \times 0.5 + 20 \times 0.5 = 60 (\%)$

からみても明らかである．

以上，2つのケースのように，クジの確率，もしくは配分率（賞金）のどちらかが同じである場合，比較することは簡単である．しかし，両方とも違ってくると比較しにくくなる．

たとえば，図 1-2 に示した $\boxed{\text{Ⅳ}}$ と $\boxed{\text{Ⅴ}}$ のクジでは，どちらを選択するであろうか．確率，配分率いずれも異なるので，とりあえず期待値を計算することにしよう．

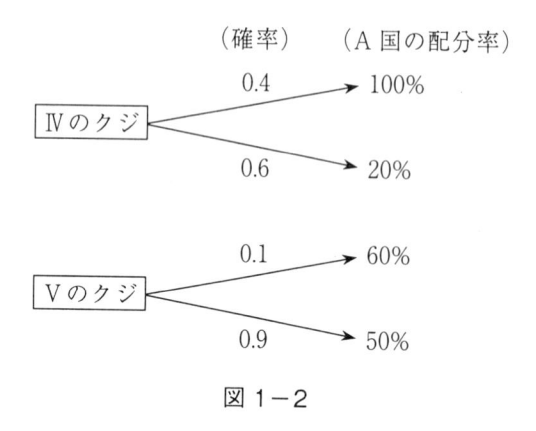

```
                (確率)    (A国の配分率)
                  0.4  ─→ 100%
    ┌─────┐ ─┤
    │Ⅳのクジ│
    └─────┘ ─┤
                  0.6  ─→ 20%


                  0.1  ─→ 60%
    ┌─────┐ ─┤
    │Ⅴのクジ│
    └─────┘ ─┤
                  0.9  ─→ 50%
```

図1-2

$\boxed{\text{Ⅳ}}$のクジ　$E(\text{Ⅳ}) = 100 \times 0.4 + 20 \times 0.6 = 52(\%)$
$\boxed{\text{Ⅴ}}$のクジ　$E(\text{Ⅴ}) = 60 \times 0.1 + 50 \times 0.9 = 51(\%)$

　計算結果は，$\boxed{\text{Ⅳ}}$のほうが期待値は大きい．したがって，$\boxed{\text{Ⅳ}}$のクジを選択するかというと，必ずしもそうではない．むしろ，A国の代表が賢明な政治家なら，期待値は低いかもしれないが$\boxed{\text{Ⅴ}}$のクジを選択するであろう．なぜなら，$\boxed{\text{Ⅳ}}$では，失敗すれば配分率が20%になり，かつ，成功の確率より失敗の確率の方が高くなっているからである．一方，$\boxed{\text{Ⅴ}}$では，少なくとも配分率50%は確保できるのである．

　しかし，だからといって，国を代表する政治家が全員$\boxed{\text{Ⅴ}}$のクジを選択するかというと，必ずしもそうではない．さてどのように考えればいいのであろうか？

$\boxed{\textbf{A3}}$　さて，この問題のような選択は，その政治家がもっている「リスク回避」の程度によるものである．このことにより，期待値の法則に基づかない，その人間（集団）が主観的にもっている確からしさが，意思決定の際に重要な要素になっていることが分かる．このような確からしさを主観確率というが，この考えを用いた効用関数という概念より，先ほどのパラドックスは解決する．

　一般に，お金をはじめいろいろな価値（この例における配分率等々）の効

用（満足度）は，その値が増えるにつれ，効用（満足度）の増加量は減ることが普通である．そこで，本項（収益の配分率に関する例）における満足度（効用）の曲線（関数）を求めてみよう．

はじめに，最低の満足度（効用）を 0 とする．収益の配分率の例では，零パーセントがこれに当たる．したがって満足度（効用）は，

$$S(0) = 0$$

となる．一方，最高の満足度（効用）を 1 とする．この例では，配分率 100% がこれに当たる．その満足度（効用）は，

$$S(100) = 1.0$$

となる．

次に，丁半賭博で，丁がでれば配分率 100% を獲得でき，半が出れば零％になる賭けを想定する．この賭けと，確実にある％の配分率を獲得できる場合とが同じ満足度（効用）になることがある．この場合の配分率がいくらくらいかを推定する．たとえば，80% の配分率が確実に獲得できるなら，このような賭けはしないであろう．また，20% の配分率しか確実に獲得できないのなら，この賭けに打って出るであろう．そこで，確実に獲得できる配分率を変えながら，この賭けとどちらがよいかを尋ねていく．このようにして，どちらでもよいと答えた配分率が 40% なら，この値が A 国の代表となった政治家の満足度（効用）を 0.5 とする値である．すなわち，

$$S(40) = 0.5$$

となる．次に〔$S(0) = 0$〕と〔$S(40) = 0.5$〕とを考えて，丁が出れば 40% の配分率，半が出れば零％になる賭けを想定する．この賭けと，確実に獲得できる配分率がいくらになれば，どちらでもよいかという質問を行い，その値が 15% なら，

$$S(15) = 0.25$$

となる．次に〔$S(40) = 0.5$〕と〔$S(100) = 1.0$〕とを考えて，丁が出れば 100%，半が出れば 40% の配分率になる賭けを想定する．この賭けと，確実に獲得できる配分率がいくらになれば，どちらでもよいかという質問を行い，その値が 60% なら，

$$S(60) = 0.75$$

となる．

　次に，A 国の代表の答えが整合性があるかどうかを検証する．つまり，満足度（効用）0.75 と 0.25 の中間に満足度（効用）0.5 あるかどうかをチェックする．そこで，A 国の代表に再度「丁が出れば 60％の配分率，半がでれば 15％の配分率になる賭けと，確実に 40％の配分率が得られるのとでは，どちらがよいか」と質問をする．どちらでもよいと答えれば，整合性があるといえる．もしそうでなければ，最初から答え直す必要がある．その結果，次の 5 点が満足度（効用）の点として定まった．

$$S(0) = 0, \ S(15) = 0.25, \ S(40) = 0.5, \ S(60) = 0.75, \ S(100) = 1$$

　これらの点を結ぶと，A 国の代表の配分率に対する「満足度の曲線」（効用の関数）が得られた（図 1-3）．

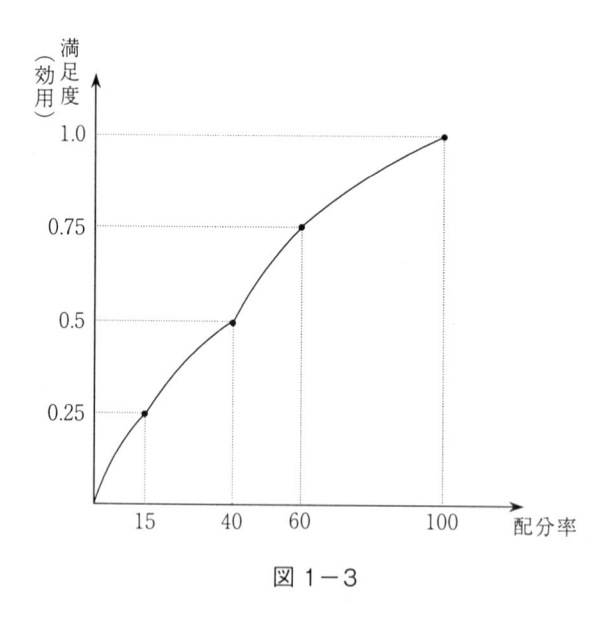

図 1-3

　ところで，この効用関数をもとにして，パラドックスに満ちた Ⅳ のクジと Ⅴ のクジの比較評価を行う．ただし，図 1-3 より，配分率 20％と 50％の満足度（効用）を推定すると，

$$S(20) = 0.3, \quad S(50) = 0.65$$

となる．したがって，$\boxed{\text{IV}}$のクジと$\boxed{\text{V}}$のクジの平均（期待）効用値は，それぞれ次のようになる．

$\boxed{\text{IV}}$のクジ　　$E(\text{IV}) = 1.0 \times 0.4 + 0.3 \times 0.6 = 0.58$

$\boxed{\text{V}}$のクジ　　$E(\text{V}) = 0.75 \times 0.1 + 0.65 \times 0.9 = 0.66$

この結果，期待効用値は$\boxed{\text{V}}$のクジのほうが高くなり，常識的な選択結果と一致することがわかる．

ところで，実際にはどうなったか．A国の代表は$\boxed{\text{V}}$のクジを引き，その結果，50%の配分率を獲得した（やはり，0.9の確率のほうになった）．

A・B両国は，仲良く半々の収益を得て，両国代表とも満足気であった．

第2章 線形計画法による意思決定

Q4 線形計画法主問題

テニスとマージャンの大好きな人がいる．週末になると，いつも迷うのだ．土曜日はフルにマージャンをやって，日曜日はテニスにするか．それとも，マージャンは土曜日の午後だけにして，テニスの時間を増やすか……．それに，費用のことも考えなければ……．

この人の場合，ややテニスの方が好きの度合いが強いということで，マージャンをしたときの満足度を「5」，テニスをして得られる満足度を「6」としよう．マージャンにしろテニスにしろ，あまり小刻みにやっても興がのらないので，1回につき，マージャンが4時間，テニスは2時間，その費用は，それぞれ2千円，4千円とする．また総費用は2万円，週末の余暇時間は16時間である．（表2-1参照）

では，最小の費用で，最大の満足を得るには，この人は，マージャンとテニスをそれぞれ何回ずつやったらいいだろうか？

	時　間	費　用	満足度
マージャン	4（時間）	2（千円）	5
テニス	2（時間）	4（千円）	6

表 2-1

A4
まず，この問題を初等数学を使って解いてみよう．マージャン，テニスの回数をそれぞれ x, y 回するとして，そのときに得られる満足度の合計を z とすれば，

$$z = 5x + 6y \to \max$$

となる．このときの z を最大にすればよいのだが，余暇時間と費用にはそれぞれ次のような制約条件がある．

余暇時間16時間以内
$$4x + 2y \leq 16 \qquad (2-1)$$

総費用は20(千円)以内
$$2x + 4y \leq 20 \qquad (2-2)$$

x, y はともに正かゼロの数
$$x \geq 0, \quad y \geq 0 \qquad (2-3)$$

以上，3つの制約条件 (2-1)，(2-2)，(2-3) を満足する点 (x, y) の存在範囲は，図2-1の斜線部分にあたる．

いま満足度を表す式
$$z = 5x + 6y$$
を考えると，この直線が図の斜線部分と共通点をもつ限りにおいて z が最大になるのは，この利益を表す直線が2直線
$$\left. \begin{array}{l} 4x + 2y = 16 \\ 2x + 4y = 20 \end{array} \right\}$$

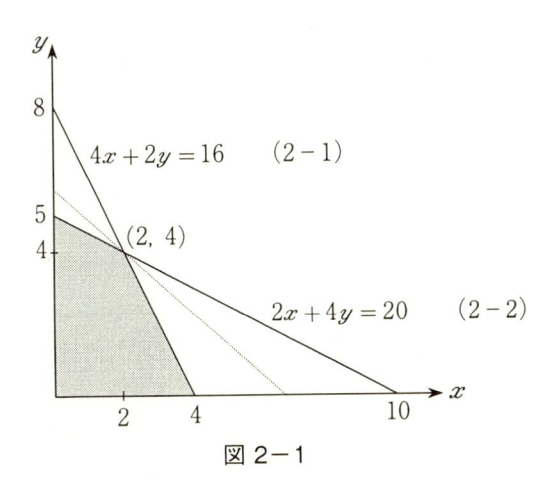

図2-1

の交点 ($x=2$, $y=4$) を通るときである.

したがって,最大の満足度は,マージャンを2回,テニスを4回するときであり,

$$z = \underset{マージャン}{10} + \underset{テニス}{24} = 34$$

となる.

以上で,私の友人の週末の余暇の過ごし方に関する問題は解決された.ところで,このような問題は,一般に線形計画法の問題と呼ばれ,経営のための数学の一分野としていろいろと研究され,経済・政治・社会のあらゆる方面にその威力を発揮している.また,実際に線形計画法が適用される場合には,変数が2つ3つどころではなく,100あるいはそれ以上もある場合が多く,近年はコンピュータの発達により,それらの問題は速く正確に解けるようになってきた.また,本問は,線形計画主問題と呼ばれている.

Q5 線形計画法双対問題

ある地方の行政担当者は,予算の配分に苦慮していた.というのは,行政担当者として,2つの視点を視野に入れなければならないからだ.1つは,経済活性化政策であり,もう1つは,医療福祉政策である.どちらも重要であるが,その相対評価(2つの政策の重み)を計算してみたいというのだ.ところで行政評価は,まず「ムダ使い」を最小にしたいという観点から,政策実行にかかる費用を最小にするという関数を考えてみる.この行政体にとって,経済活性化政策を1単位施行すると1.6億円の予算が必要であり,医療福祉政策を1単位施行すると2億円の予算が必要である.ところで,住民側Aにとっては(比較的若年層),経済活性化政策1単位は「4」の満足度があり,医療福祉政策1単位は「2」の満足度があり,総満足度は「5以上」が必要であることがわかっている.

一方住民側B(比較的老年層)にとっては,経済活性化政策1単位は「2」の満足度があり,医療福祉政策1単位は「4」の満足度があり,総満足度は「6以上」が必要であることがわかっている(表2-2参照).

それでは，この行政担当者の思惑どおり，住民の満足度水準を確保しつつ，行政費用が最小になるには，それぞれの政策をそれぞれ何単位実行すればよいのであろうか？前問と同じように線形計画法を使ってやってみよう．

	経済政策	福祉政策	満足度水準
住民Aの満足度	4	2	5
住民Bの満足度	2	4	6

表2-2

A5 この問題も前問と同じように，初等数学を使って解いてみよう．経済活性化政策（X）を x 単位，医療福祉政策（Y）を y 単位施行したときの費用の合計を z とすると，

$$z^* = 16x + 20y \to \min$$

となる．このときの z^* を最小にすればよいのだが，住民A，Bの総満足度の制約条件はそれぞれ次のようになる．

住民Aの満足度5以上

$$4x + 2y \geq 5 \qquad (2-4)$$

住民Bの満足度6以上

$$2x + 4y \geq 6 \qquad (2-5)$$

x, y はともに正かゼロの数

$$x \geq 0, \ y \geq 0 \qquad (2-6)$$

以上，3つの制約条件 (2-4)，(2-5)，(2-6) を満足する点 (x, y) の存在範囲は，図2-2の斜線部分にあたる．

いま総費用を表す式，

$$z^* = 16x + 20y$$

を考えると，この直線が図の斜線部分と共通点をもつ限りにおいて z^* が最小

になるのは，この費用を表す直線が2直線

$$4x + 2y = 5 \brace 2x + 4y = 6$$

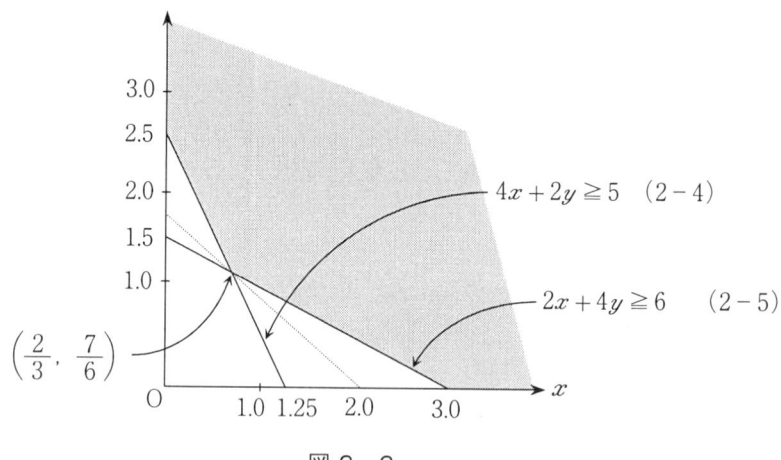

図2-2

の交点 $\left(x = \dfrac{2}{3},\ y = \dfrac{7}{6}\right)$ を通るときである．

したがって，最小の行政費用の点は，経済活性化政策を $\dfrac{2}{3}$ 単位，医療福祉政策を $\dfrac{7}{6}$ 実行するときであり，

$$z^* = \underset{\substack{\vdots \\ \text{政策}X}}{\dfrac{32}{3}} + \underset{\substack{\vdots \\ \text{政策}Y}}{\dfrac{70}{3}} = \dfrac{102}{3} = 34\ (千万円)$$

となる．

また，本問は，線形計画法双対問題と呼ばれている．

Q6 線形計画法輸送問題

あるメーカーの社長さんから次のような質問を受けた．「わが社では，ある製品を作る生産工場を2箇所 (X_1, X_2) 持っています．そこでできた製品を3箇所の消費センター (Y_1, Y_2, Y_3) に輸送する場合を考えてみます．ただし，

生産工場の供給量は，X_1 が 100 個，X_2 が 80 個です．一方，各消費センターの需要量は，Y_1 が 50 個，Y_2 が 60 個，Y_3 が 70 個です．また，各生産工場から消費センターへ運ぶ製品の 1 個あたりの輸送量は，表 2-3 に示すとおりとします．このとき，総輸送経費を最小にするには，どの生産工場からどの消費センターへ，何単位ずつ輸送すればよいのでしょう？」

消費センター 生産工場	Y_1	Y_2	Y_3	供給量
X_1	3	4	7	100
X_2	5	6	10	80
需要量	50	60	70	180

表 2-3

A6 この問題は，線形計画法の輸送問題といい，比較的簡単な方法で最適解が得られるのである．

次にその手順を示す．

(i) まず，費用行列 c_{ij} のなかで最も少ない輸送費用を探す．この場合 $X_1 \rightarrow Y_1$（3 万円）がそれで，X_1 の供給量 100 と Y_1 の需要量 50 のうち，小さいほうの数 50 に注目する．消費センター Y_1 の需要量 50 は生産工場 X_1 から全部まかなうことにすれば，X_1 はさらに 100 マイナス 50 イコール 50 余っていることになる．

(ii) その状態で，Y_1 列を除いた表で，最も費用の少ないルートを (i) と同じように定めていく．この場合，$X_1 \rightarrow Y_2$（4 万円）であり，したがって，$X_1 \rightarrow Y_2$ に供給量の残り 50 個をうめる．これで X_1 の供給量は 0 になり，Y_2 の需要量は 60 マイナス 50 イコール 10 となる．次に，Y_1 列，X_1 行を除いた表で，最も費用の少ないルートを (i) と同じように定めると，$X_2 \rightarrow Y_2$（6 万円）となる．このルートに Y_2 の残りの需要量 10 をうめる．そして，最後に，X_2 の残りの供給量 70 を $X_2 \rightarrow Y_3$ のルートにうめる．

以上のようにして，まず最初の実行可能解である輸送量が表2-4のように定まる．このときの総費用Cを計算すると次のようになる．
$$C = 50 \times 3 + 50 \times 4 + 10 \times 6 + 70 \times 10 = 1110 〔万円〕$$

(iii) 最初の実行可能解で使われなかったルートについて，もし，このルートに1個の輸送をした場合,その変化によってこれまでのルートの輸送量が変化し，結局，新しいルートを使ったほうが費用が少なくなるのであれば，そのようにルート変更しなければならない．

生産工場＼消費センター	Y_1	Y_2	Y_3
X_1	50	50	
X_2		10	70

表2-4

(iv) そこで，この列において，$X_2 \to Y_1$ のルートを計算してみよう．$X_2 \to Y_1$ のルートで1個輸送すれば，X_2 の供給量は80と一定であるから，$X_2 \to Y_2$ で1個減らす．また Y_2 の需要量は決まっているから，$X_1 \to Y_2$ で1個増やし，$X_1 \to Y_1$ で1個減らせば，X_1 の供給量は一定であるから，最初の供給量・需要量の制約に変化はない．したがって，費用の増減は次のようになる．
$$\Delta C_{21} = 5 - 6 + 4 - 3 = 0$$

(v) (iv)と同じように，$X_1 \to Y_3$ のルートについて費用の変化を計算すると，次のようになる．
$$\Delta C_{13} = 7 - 10 + 6 - 4 = -1$$

生産工場＼消費センター	Y_1	Y_2	Y_3
X_1			-1
X_2	0		

表2-5

(iv), (v) のようにして, 使われていないルート全部について計算したのが表 2-5 である. 表において負の値がなければ, ルートを変更する必要はない. ところが, この場合は $X_1 \to Y_3$ ルートに負の値があるので, $X_1 \to Y_3$ ルートを新しく採用し, そこへ変更可能な最大限の輸送量, つまり, $\min(70, 100) = 70$〔個〕をつぎこむ. そして, (ii) の手順をもとに新しく変更した後の状態が表 2-6 である.

消費センター 生産工場	Y_1	Y_2	Y_3
X_1	30		70
X_2	20	60	

表 2-6　最適解 x_{ij}

さて, 表 2-6 についてさらに変更すべきかどうかを, 前と同じように調べると次のようになる.
$$\Delta C_{12} = 4 - 6 + 5 - 3 = 0$$
さらに,
$$\Delta C_{23} = 10 - 5 + 3 - 7 = 1$$
よって費用の少なくなるルートはないので, 表 2-6 の x_{ij} がこの輸送問題の最適解となる.

このときの総輸送費は
$$C = 30 \times 3 + 70 \times 7 + 20 \times 5 + 60 \times 6 = 1040 \text{（万円）}$$
となる.

このメーカーの社長さんは, 早速, 表 2 に示したように製品を動かし, 安いコストで輸送できた. これからは, この方法で仕事を進めるそうである. この会社は, これからは, どんどん成長し, 大きく発展していくことであろう.

第3章 動的計画法による意思決定

Q7 多段階配分問題

大阪市内に3つの高級レストランを所有しているオーナーは，腕のいいシェフ"フランス料理"を8人採用した．ところが，3つの高級フランス風レストランにそれぞれ何人ずつ配置したらよいか迷ってしまった．ただし，各店には，最低一人は配置しなければならない．そこで，まず，それぞれの店に x_1, x_2, x_3 人のシェフを配置したときに，増加する利益を試算し表3-1にまとめた．$g_1(x_1)$ とはNo.1 の店に x_1 人のシェフを配置したときの増加利益である．この数字は，過去の経験やカンをもとに，客のマーケットリサーチを行った末，出した結論である．さて，この数字をもとにして，オーナーは，「増加総利益を最大にするためには，3つの高級レストランに8人のシェフをそれぞれ何人ずつ (x_1, x_2, x_3) 配置したらよいか」を知りたいのである．

このような相談を受けた私は，動的計画法（DP）を使い，この問題を解決することにした．さて，どのような結論に達したのであろうか？

x_1	1	2	3	4	5	6
$g_1(x_1)$	25	45	65	80	90	100
$g_2(x_2)$	10	40	70	100	120	140
$g_3(x_3)$	15	30	60	85	100	110

表3-1 増加利益表

A7

動的計画法（ダイナミック・プログラミング，略してDPという）は，ベルマンによって考えられた計画数学の一分野であり，多段階決定過程の問題を関数方程式に置き換える方法と，その解を求める方法について，「最

適性の原理」を用いた理論により組み立てられている.

いま,ある経済的資源 a を,そこからの利益が最大になるように N 個の経済活動に配分する問題を考えよう.この問題では,異なる経済活動が N 個あり,第1番目の経済活動,第2番目の経済活動,……,第 N 番目の経済活動にそれぞれ配分する資源量を $x_1, x_2, ……, x_N$ とする.そうすると,総資源量が a であるから次の式が成り立つ.

$$a = x_1 + x_2 + \cdots + x_N = \sum_{i=1}^{N} x_i \quad (x_i \geq 0) \quad (3-1)$$

ところで,第 i 番目の経済活動(資源配分量 x_i)から生まれる利得を $g_i(x_i)$ とすると,資源 a から得る総利得 I は,

$$I = g_1(x_1) + g_2(x_2) + \cdots + g_N(x_N)$$
$$= \sum_{i=1}^{N} g_i(x_i) \quad (3-2)$$

となる.したがって,以上の多段階決定問題は,制約条件 (3-1) のもとで,式 (3-2) の I を最大にすることである.

いま,経済資源 a からの総利得の最大値を $f_N(a)$ とすれば,$f_N(a)$ は次の式で表される.

$$f_N(a) = \max \left[g_N(x_N) + g_{N-1}(x_{N-1}) + \cdots + g_1(x_1) \right]$$
$$\left[\begin{array}{c} \sum_{i=1}^{N} x_i = a \\ x_i \geq 0 \end{array} \right] \quad (3-3)$$

この式は,次のように書き換えることができる.

$$f_N(a) = \max_{0 \leq x_N \leq a} \left[g_N(x_N) + \max \{ g_{N-1}(x_{N-1}) + g_{N-2}(x_{N-2}) + \cdots + g_1(x_1) \} \right]$$
$$\left[\begin{array}{c} \sum_{i=1}^{N} x_i = a \\ x_i \geq 0 \end{array} \right]$$

$$(3-4)$$

式 (3-4) は次のように解釈できる.最適決定例 $x_{N-1}, x_{N-2}, ……, x_1$ は,経済資源 $(a-x_N)$ を $(N-1)$ 段階の過程に対して行う最適配分を表すから,そのときの最大利得は,

$$f_{N-1}(a-x_N) = \max\{g_{N-1}(x_{N-1}) + \cdots + g_1(x_1)\}$$

となる．さらに $x_N (0 \leq x_N \leq a)$ から生まれる利得は $g_N(x_N)$ であるから，式（3-4）の総利得の最大値 $f_N(a)$ は，$g_N(x_N)$ と $f_{N-1}(a-x_N)$ の和として表せる．

$$f_N(a) = \max_{0 \leq x_N \leq a}[g_N(x_N) + f_{N-1}(a-x_N)] \quad (N \geq 1) \tag{3-5}$$

式（3-5）の関数方程式の正当性を証明するものとして，ベルマンは最適性の原理を説明している．最適性の原理とは，最初の状態と最初の決定がどのようなものであっても，残りの決定は最初の決定から生まれた状態に対して，最適政策となっていなければならないというものである．

上述した動的計画法（DP）をこの問題に適用すると，次のようになる．

この問題では，全経済資源が $a_N = 8$ $(N=3)$ で与えられ，経済活動はNo.1の高級レストラン，No.2の高級レストラン，No.3の高級レストランの3段階である．増加総利益は，

$$f_N(a_N) = \max[g_1(x_1) + g_2(x_2) + g_3(x_3)] \quad (N=3)$$
$$\begin{bmatrix} \sum_{i=1}^{3} x_i = 8 \\ x_i = 正の整数 \end{bmatrix}$$

で表される．また，どの高級レストランにもシェフを最低一人は配置しなければならないから，各高級レストランのシェフの数は6人より多くなることはなく，制約条件として，

$$1 \leq x_i \leq 6, \quad x_i = 正の整数 \ (i=1, 2, 3)$$

が与えられる．したがって，最適性の原理を適用すると，次の関数方程式が導かれる．

$$f_N(a_N) = \max[g_N(x_N) + f_{N-1}(a_N - x_N)]$$
$$\begin{bmatrix} 1 \leq x_N \leq 6 \\ x_N = 自然数 \end{bmatrix}$$

この問題を解く方法は，まず第1段階（No.1の高級レストランの活動）だけを考え，最大増加利得を見つける．その次に，第2段階（No.1とNo.2の高級レストランの活動）を考え，最大増加利益を見つける．最後に第3段階（No.1，No.2，No.3の高級レストランの活動）を考え，総増加利益が最大になる配分を

解くのである．

まず第1段階の最大増加利益 $f_1(a_1)$ は，次のようになる．
$$f_1(a_1) = \max_{\substack{x_1 = a_1 \\ x_1 = 自然数}} [g_1(x_1)] = g_1(a_1) \quad (a_1 = 1, 2, \cdots\cdots, 6)$$

$f_1(a_1)$ の値は，表3-1の1行目の値である．
$$f_1(1) = 25, \quad f_1(2) = 45, \quad f_1(3) = 65,$$
$$f_1(4) = 80, \quad f_1(5) = 90, \quad f_1(6) = 100$$

次に，第2段階の最大増加利益 $f_2(a_2)$ は，以下のようになる．
$$f_2(a_2) = \max_{\substack{1 \leq x_2 \leq 6 \\ x_2 = 自然数}} [g_2(x_2) + f_1(a_2 - x_2)] \quad (a_2 = 2, 3, \cdots\cdots, 7)$$

よって，各 a_2 の値に対する $f_2(x_2)$ の値を計算すると，
$$f_2(2) = g_2(1) + f_1(1) = 10 + 25 = 35$$
$$f_2(3) = \max[g_2(1) + f_1(2), \quad g_2(2) + f_1(1)]$$
$$= \max[55, 65]$$
$$= 65$$
$$f_2(4) = \max[g_2(1) + f_1(3), \quad g_2(2) + f_1(2), \quad g_2(3) + f_1(1)]$$
$$= \max[75, 85, 95]$$
$$= 95$$
$$f_2(5) = \max[g_2(1) + f_1(4), \quad g_2(2) + f_1(3), \quad g_2(3) + f_1(2)$$
$$g_2(4) + f_1(1)]$$
$$= \max[90, 105, 115, 125]$$
$$= 125$$
$$f_2(6) = \max[g_2(1) + f_1(5), \quad g_2(2) + f_1(4), \quad g_2(3) + f_1(3)$$
$$g_2(4) + f_1(2), \quad g_2(5) + f_1(1)]$$
$$= \max[100, 120, 135, 145, 145]$$
$$= 145$$

$$f_2(7) = \max[g_2(1)+f_1(6),\ g_2(2)+f_1(5),\ g_2(3)+f_1(4),$$
$$g_2(4)+f_1(3),\ g_2(5)+f_1(2),\ g_2(6)+f_1(1)]$$
$$= \max[110,\ 130,\ 150,\ 165,\ 165]$$
$$= 165$$

となる.

最後に,第3段階の総増加利益の最大値 $f_3(a_3)$ を計算する.

$$f_3(a_3) = \max[g_3(x_3)+f_2(a_3-x_3)]$$
$$\begin{bmatrix} 1 \leq x_3 \leq 6 \\ x_3 = 自然数 \end{bmatrix}$$

$a_3 = 8$ に対する $f_3(a_3)$ は,

$$f_3(8) = \max[g_3(1)+f_2(7),\ g_3(2)+f_2(6),\ g_3(3)+f_2(5),$$
$$g_3(4)+f_2(4),\ g_3(5)+f_2(3),\ g_3(6)+f_2(2)]$$
$$= \max[180,\ 175,\ 185,\ 180,\ 165,\ 145]$$
$$= 185$$

ところで,いま求めた最大増加利益 $f_3(8) = 185$ は,次の式により得られるのであるから,

$$f_3(8) = g_3(3) + g_2(4) + f_1(1) = 185$$

$$\underbrace{}_{f_2(5)}$$

$$\underbrace{}_{f_3(8)}$$

$x_1,\ x_2,\ x_3$ の値はそれぞれ $x_3 = 3,\ x_2 = 4,\ x_1 = 1$ となる.

したがって,全経済資源シェフ8人の最適配分問題は,No.1の高級レストランに1人,No.2の高級レストランに4人,No.3の高級レストランに3人をそれぞれ配置することにより,総増加利益の最大値185が得られる.

最適配分がわかったこのオーナー氏,早速,各店の支配人にシェフの配属を指示したそうである.

Q8 最適配分問題

$g_1(x),\ g_2(x),\ g_3(x)$ が次のような式で表現される最適配分問題を考えてみよう.

$$g_1(x) = (x_1 - 4)^2$$
$$g_2(x) = 12 - (x_2 - 2)^2$$
$$g_3(x) = 3x_3$$

ただし，x_1, x_2, x_3 は正または0の整数，
$$x_1 + x_2 + x_3 = S_3 = 5$$

このとき，
$$g_1(x_1) + g_2(x_2) + g_3(x_3)$$

の値を最大にする x_1, x_2, x_3 の値を，動的計画法を用いて解くにはどのようにすればよいのであろうか？

A8 この問題では，全経済資源が $S_M = 5$ $(M=3)$ で与えられ，経済活動は関数 $g_1(x_1)$ の値，関数 $g_2(x_2)$ の値，関数 $g_3(x_3)$ の値の3つである．したがって総計の値は，

$$f_M(S_M) = \max_{\substack{x_1+x_2+x_3=S_3 \\ x_1, x_2, x_3 = 0 \text{ または自然数}}} [g_1(x_1) + g_2(x_2) + g_3(x_3)] \quad (M=3)$$

で表される．

また x_1, x_2, x_3 はすべて0または自然数であるから，制約条件として，
$$0 \leq x_i \leq 5 \quad x_i = 0 \text{ または自然数} \quad (i=1, 2, 3)$$
が与えられている．したがって，前問で説明した最適性の原理を適用すると，次の関数方程式が導かれる．

$$f_M(S_M) = \max[g_M(x_M) + f_{M-1}(S_M - x_M)] \quad (M=2, 3)$$

この問題を解く方法は，まず第1段階（$g_1(x_1)$）の値だけを考え，最大値を見つける．その次に，第2段階 $g_1(x_1)$ と $g_2(x_2)$ の合計の値）を考え，最大値を見つける．最後に第3段階 $g_1(x_1)$ と $g_2(x_2)$ と $g_3(x_3)$ の合計の値）を考え，総計が最大になる配分を見つけるのである．

いま，
$$S_3 - x_2 - x_3 = S_1$$
とすれば，第1段階の最大値 $f_1(S_1)$ は次のようになる．

$$f_1(S_1) = \max_{0 \leq x_1 = S_1 \leq S_2} [g_1(x_1)] = g_1(S_1) \quad (S_1 = 0, 1, \cdots, 5)$$

ゆえに,

$$f_1(0) = (0-4)^2 = 16, \quad f_1(1) = (1-4)^2 = 9$$
$$f_1(2) = (2-4)^2 = 4, \quad f_1(3) = (3-4)^2 = 1$$
$$f_1(4) = (4-4)^2 = 0, \quad f_1(5) = (5-4)^2 = 1$$

となる.

次に

$$S_3 - x_3 = S_2$$

とすれば, 第2段階の最大値 $f_2(S_2)$ は次のようになる.

$$f_2(S_2) = \max_{\substack{x_1 + x_2 = S_2 \\ x_1, x_2 = 0 \text{ または自然数}}} [g_1(x_1) + g_2(x_2)]$$

この式に最適性の原理を適用すると,

$$f_2(S_2) = \max_{\substack{0 \leq x_2 \leq S_2 \\ x_2 = 0 \text{ または自然数}}} [g_2(x_2) + f_1(S_2 - x_2)] \quad (S_2 = 0, 1, \cdots, 5)$$

となる. そこで, $S_2 = 0, 1, \cdots, 5$ のそれぞれの値に対して $f_2(S_2)$ を求めると,

$$f_2(0) = g_2(0) + f_1(0) = 8 + 16 = 24$$

$$f_2(1) = \max[g_2(0) + f_1(1), g_2(1) + f_1(0)]$$
$$= \max[8+9, 11+16]$$
$$= 27$$

$$f_2(2) = \max[g_2(0) + f_1(2), g_2(1) + f_1(1), g_2(2) + f_1(0)]$$
$$= \max[8+4, 11+9, 12+16]$$
$$= 28$$

$$f_2(3) = \max[g_2(0) + f_1(3), g_2(1) + f_1(2),$$
$$\quad g_2(2) + f_1(1), g_2(3) + f_1(0)]$$
$$= \max[8+1, 11+4, 12+9, 11+16]$$
$$= 27$$

$$f_2(4) = \max[g_2(0)+f_1(4), \ g_2(1)+f_1(3), \ g_2(2)+f_1(2),$$
$$g_2(3)+f_1(1), \ g_2(4)+f_1(0)]$$
$$= \max[8+0, \ 11+1, \ 12+4, \ 11+9, \ 8+16]$$
$$= 24$$
$$f_2(5) = \max[g_2(0)+f_1(5), \ g_2(1)+f_1(4), \ g_2(2)+f_1(3), \ g_2(3)+f_1(2),$$
$$g_2(4)+f_1(1), \ g_2(5)+f_1(0)]$$
$$= \max[8+1, \ 11+0, \ 12+1, \ 11+4, \ 8+9, \ 3+16]$$
$$= 19$$

となる．

　最後に，第3段階の最大値 $f_3(S_3)$ は次のようになる．
$$f_3(S_3) \max \quad [g_1(x_1)+g_2(x_2)+g_3(x_3)]$$
$$x_1+x_2+x_3 = S_3$$
$$x_1, \ x_2, \ x_3 = 0 \ \text{または自然数}$$

この式に最適性の原理を適用すると，$f_3(S_3)$ $(S_3=5)$ は，
$$f_3(5) = \max \quad [g_3(x_3)+f_2(5-x_3)]$$
$$0 \leq x_3 \leq 5$$
$$x_3 = 0 \ \text{または自然数}$$

となる．したがって，$f_3(5)$ は，
$$f_3(5) = \max[g_3(0)+f_2(5), \ g_3(1)+f_2(4), \ g_3(2)+f_2(3), \ g_3(3)+f_2(2),$$
$$g_3(4)+f_2(1), \ g_3(5)+f_2(0)]$$
$$= \max[0+19, \ 3+24, \ 6+27, \ 9+28, \ 12+27, \ 15+24]$$
$$= 39$$

となる．

　したがって，$[g_1(x_1)+g_2(x_2)+g_3(x_3)]$ の最大値は 39 となり，そのときの $x_1, \ x_2, \ x_3$ の値はそれぞれ，
$$x_1 = 0, \ \ x_2 = 1, \ \ x_3 = 4$$
もしくは，
$$x_1 = 0, \ \ x_2 = 0, \ \ x_3 = 5$$
となる．

Q9 最短経路問題

あるとき，私は，道に迷い，図3-1に示すような道路で右往左往していた．現在点は①で目的地は⑫である．

さて，ノード①から出発して，ノード⑫に到達する場合，最小時間で到達する経路を探索しかつそのときの所要時間を求めてみよう．ただし，各ノード間の所要時間は，ノードを結ぶリンクの上に示したとおりで，ノード②・③の間と⑩・⑪の間を除いて，矢印方向は一方通行である．ここでノードとは点を表し，リンクとは線を表している．

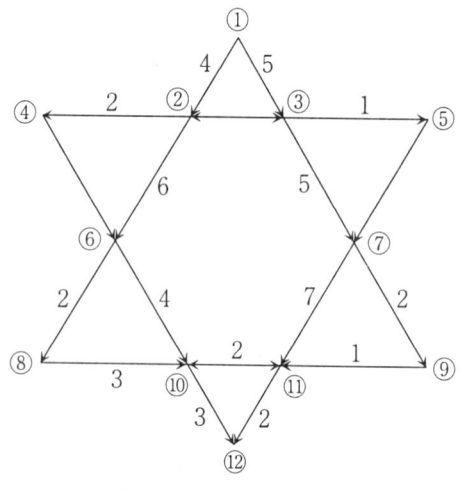

図3-1　（単位；分）

A9

この問題は，動的計画法（ダイナミック・プログラミング）を用いると簡単に解ける．この問題を解くにあたり，まず次のような関数 $h(m)$ を定義する．

$h(m)$：ノード⑰ $(m = 1, 2, \cdots, 12)$ からノード⑫まで動くのに必要な最小時間

関数 $h(m)$ によって，この問題の解は，$h(1)$ の値を見つけることに帰着される．ところでノード⑰からノード⑫にいたる最小時間は $h(n)$ であるから，ノード⑰とノード⑰を結ぶ道を移動するのに，t_{mn} 分かかるとすると，ノード

⑰からノード⑪を経由してノード⑫に到達するのに要する最小時間は,
$$\min_n [t_{mn} + h(n)]$$
となる．ノード⑰からノード⑫にいたる最短経路を見つけるのであるから,
$$t_{mn} + h(n)$$
が最小になるようにノード n を決めなければならない．したがって，最適性の原理（すでに説明している）を適用すると，$h(m)$ は,
$$h(m) = \min_n [t_{mn} + h(n)]$$
で与えられる．したがって，$h(1)$ を求めるには，ノード⑫から始めて，ノード①に戻ってくる計算を順次積み上げていけばよいことになる．つまり，初めに $h(12)$ を求め，次に $h(11)$，$h(10)$……と進んで，最後に $h(1)$ を求めるのである．

さて，明らかに,
$$h(12) = 0$$
であるから，次に $h(11)$ の値を計算する．
$$h(11) = \min_n [t_{11,n} + h(n)\ ]$$
$$= \min [t_{11,12} + h(12),\ t_{11,10} + h(10)]$$
$$= \min [2+0,\ 2+h(10)] \quad h(10) > 0$$
だから，$h(11) = 2$
である．したがって，ノード⑪からノード⑫への最短経路は，ノード⑪→ノード⑫である．

同様にして $h(10)$ は,
$$h(10) = \min_n [t_{10,n} + h(n)]$$
$$= \min [t_{10,12} + h(12),\ t_{10,11} + h(11)]$$
$$= \min [3+0,\ 2+2]$$
$$= 3$$
である．したがって，ノード⑩からノード⑫への最短経路は，ノード⑩→ノード⑫である．

また $h(9)$ は,

$$h(9) = \min_n [t_{9,n} + h(n)]$$
$$= t_{9,11} + h(11)$$
$$= 1 + 2$$
$$= 3$$

である．したがって，ノード⑨からノード⑫への最短経路は，ノード⑨→ノード⑪→ノード⑫である．

また，$h(8)$ は，
$$h(8) = \min_n [t_{8,n} + h(n)]$$
$$= t_{8,10} + h(10)$$
$$= 3 + 3$$
$$= 6$$

である．したがってノード⑧からノード⑫への最短経路は，ノード⑧→ノード⑩→ノード⑫である．

$h(7)$ は，
$$h(7) = \min_n [t_{7,n} + h(n)]$$
$$= \min [t_{7,9} + h(9),\ t_{7,11} + h(11)]$$
$$= \min [2 + 3,\ 7 + 2]$$
$$= 5$$

である．したがってノード⑦からノード⑫への最短経路は，ノード⑦→ノード⑨→ノード⑪→ノード⑫である．

$h(6)$ は，
$$h(6) = \min_n [t_{6,n} + h(n)]$$
$$= \min [t_{6,8} + h(8),\ t_{6,10} + h(10)]$$
$$= \min [2 + 6,\ 4 + 3]$$
$$= 7$$

である．したがってノード⑥からノード⑫への最短経路は，ノード⑥→ノード⑩→ノード⑫である．

$h(5)$ は，

$$h(5) = \min_n [t_{5,n} + h(n)]$$
$$= t_{5,7} + h(7)$$
$$= 2 + 5$$
$$= 7$$

である．したがってノード⑤からノード⑫への最短経路は，ノード⑤→ノード⑦→ノード⑨→ノード⑪→ノード⑫である．

$h(4)$ は，
$$h(4) = \min_n [t_{4,n} + h(n)]$$
$$= t_{4,6} + h(6)$$
$$= 1 + 7$$
$$= 8$$

である．したがってノード④からノード⑫への最短経路は，ノード④→ノード⑥→ノード⑩→ノード⑫である．

$h(3)$ は
$$h(3) = \min_n [t_{3,n} + h(n)]$$
$$= \min[t_{3,2} + h(2), \ t_{3,5} + h(5), \ t_{3,7} + h(7)]$$
$$= \min[4 + h(2), \ 1 + 7, \ 5 + 5]$$
$$= \min[4 + h(2), \ 8]$$

となる．ここで，$h(2)$ が未知であることに注意して，$h(2)$ を計算する．
$$h(2) = \min_n [t_{2,n} + h(n)]$$
$$= \min[t_{2,3} + h(3), \ t_{2,4} + h(4), \ t_{2,6} + h(6)]$$
$$= \min[4 + h(3), \ 2 + 8, \ 6 + 7]$$
$$= \min[4 + h(3), \ 10]$$

次に，$h(2)$ の値を $h(3)$ に代入すると次のようになる．
$$h(3) = \min[4 + 4 + h(3), \ 4 + 10, \ 8]$$
$$= \min[8 + h(3), \ 8]$$

$h(3) > 0$ だから，
$$h(3) = 8$$

である．したがってノード③からノード⑫までの最短経路は，ノード③→ノード⑤→ノード⑦→ノード⑨→ノード⑪→ノード⑫である．

また，$h(2)$の値は，
$$h(2) = \min[4+8, \ 10] = 10$$
である．したがって，ノード②からノード⑫までの最短経路は，ノード②→ノード④→ノード⑥→ノード⑩→ノード⑫である．

最後に$h(1)$の値を計算する．
$$\begin{aligned}h(1) &= \min_{n}[t_{1,n} + h(n)] \\ &= \min[t_{1,2} + h(2), \ t_{1,3} + h(3)] \\ &= \min[4+10, \ 5+8] \\ &= 13\end{aligned}$$
である．

したがって，ノード①からノード⑫までの最短経路はノード①→ノード③→ノード⑤→ノード⑦→ノード⑨→ノード⑪→ノード⑫である．そのときの最小所要時間は13分となる．これで，私も安心して目的地に着くことができる．これからも道に迷ったときは，動的計画法（DP）で目的地までの道順を探すことにする．

第4章 ゲームの理論による意思決定

Q10　ゲームの理論とは

　芸能人のスキャンダルに異常な執念を燃やす雑誌「フォーカス」はついに大スターH・Kが女優M・Kのマンションから出てきたところをバッチリ撮ってしまった．ふたりが所属するプロダクションはことの重大さにあわて，ふたりを別々の場所で同時記者会見することで，何とか事態を打開しようと画策した．

　すなわち，花かつお，明太子の両人が，記者の質問攻めにどう答えるかによって，次のようなペナルティを科す，とおどしたのである．

① 両人とも事実を告白したら，双方を1年の出演停止処分とする．
② 両人とも事実を告白しなかったら，1か月の出演停止処分ですませる．
③ ひとりが事実を告白したのに，他方が告白しなかった場合，告白した方はカワイゲがあるから処分なしだが，告白しなかった方は，イメージダウン抜群だから，芸能界から永久追放とする．

　さて，H・KとM・Kのふたりは，記者団の質問にどう答えるだろうか．このふたりが本当に相思相愛（芸能界には普通のことだが）の場合と，たんなる打算の火遊び（芸能界にはめずらしいことだが）の場合とに分けて答えていただきたい．なお当然のことながら，このふたりは相手がどのように答えたかは，知ることができない．

A10　
　これは，有名なオペレーションズリサーチの中の「ゲームの理論」（ミニマックスの原理）を逆用したものである．2つの国が戦争しているとか，会社と会社が企業競争している場合，双方がとる戦術には，いくつかの選択

の余地があることが多い.そんなとき,双方とも自分が受けるであろう損害が,最小になるような方法を選ぶものだ,という理論だ.

たとえば,表4-1を見ていただきたい.これは,A,B2社が争っている

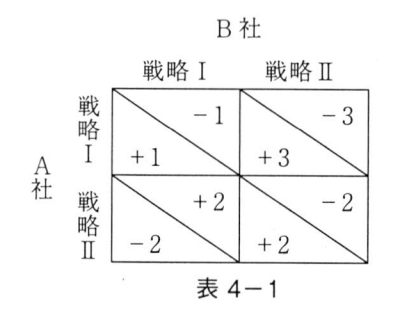

	B社 戦略Ⅰ	戦略Ⅱ
A社 戦略Ⅰ	−1 / +1	−3 / +3
A社 戦略Ⅱ	+2 / −2	−2 / +2

表4-1

ものとして,A社側から見たプラスとマイナスの表である.つまり,A,B両社とも,Ⅰという戦略とⅡという戦略をとる道がある場合,A社がⅠを選んだとしよう.すると,もしB社が同じⅠの戦略でやってきたとき,A社はプラス1の利得,反対にB社はマイナス1の損害となる.また,A社が同じくⅠを選んだのに対してB社がⅡを選んだら,A社はプラス3,B社はマイナス3の得失となる.

では,A社がⅡの戦略をとったらどうなるか.この場合,もしB社がⅠの方法をとればA社はマイナス2,B社は逆のプラス2となり,B社がⅡの戦略をとれば,A社はプラス2,B社がマイナス2となるわけである.

この,ような場合,A社として最も望ましいのは,自分がⅠの戦略をとったときに,B社がⅡの戦略を選んでくれることだろう.利得が最大になるからである.しかし,B社とて,むざむざこの方法はとらない.なぜなら,A社がⅠ,Ⅱのどちらを選んでも,B社はマイナス3,マイナス2にしかならないからである.

そうなると,B社は必ずⅠを選ぶだろう.そうすると,A社のとるべき道もただ1つ,Ⅰしかありえない.ここではじめて,A社はプラス1,B社はマイナス1の得失で双方納得!ということになるわけだ.

これがミニ・マックス原理の一例だが,ここでは,どの方法を選ぶかを考

える際に，双方とも相手を信用もしないし，あくまで利己主義に徹する，という原則がつらぬいている．

その結果として，全体としてはうまくいくという，完全自由競争＝資本主義の論理が前提になっている．まちがっても，相手のためを思って何かする，などということはありえない．

ミニ・マックスの原理は，いわばこういう自己中心主義的発想から生まれたものだ．それはあたりまえの話で，戦争や企業間競争で利他主義におぼれていたら，敗者になること火を見るよりも明らかだ．

ところが，この原理を冗談半分に愛情問題に当てはめてみたらどうなるか？それが，この問題のミソである．はたしてH・K，M・Kのふたりは，利己主義的に振舞えばいい結果が得られるだろうか．

この状況におかれた両人は，次のように悩むであろう（表4-2参照）

	M・K	
	事実を告白しない	事実を告白する
H・K 事実を告白しない	1か月の出演停止 / 1か月の出演停止	今までどおり番組に出られる / 芸能界から追放
H・K 事実を告白する	芸能界から追放 / 今までどおり番組に出られる	1年間の出演停止 / 1年間の出演停止

表4-2　囚人のジレンマ

① 相手がもし事実を告白するとすれば，自分も告白しなければならない．なぜなら，1年の出演停止ですむが，相手が告白しているのに自分が知ら

んふりをきめこんだら，永久追放という最悪の事態になってしまう．
② もし相手が事実を告白しないとする．すると自分は事実を告白すれば，処分なしで救われる．
③ だからどっちにころんでも，自分は事実を告白すればよい．ところが，もし相手も自分と同じことを考えて事実を告白してしまえば，いやでも1年の出演停止をくらう．永久追放よりはましだが，1年も引っ込んだままでは，芸能人としては打撃が大きすぎる．
④ もし，相手もこちらの考え方を察知してくれれば，両方で事実を否認して，両方が1か月の出演停止ですむ．これくらいなら，過去の芸能人のスキャンダルの例からみて，まあまあではないか．

ここに，ふたりの芸能人の悩みがある．つまり，自分だけ「いい子」になればいいやという考え方で両方が記者会見にのぞめば，両方が事実を告白して，1年間の出演停止という打撃を受けるが，自分は永久追放になっても，相手が処分なしであってくれればシアワセ！ と思う利他主義に徹して事実を告白しなければ，両方とも1か月の出演停止でめでたしめでたしとなる．プロダクションも助かる．

こうしてみると，ミニ・マックスの原理が，戦争や企業の競争においては，利他主義や隣人愛が致命傷となるのに，このような問題では，逆の場合も出てくることになる．やはり，愛は，地球を救えないかもしれないが，芸能人は救ってくれるものらしい．

ところで，ここで紹介したジレンマを「囚人のジレンマ」と呼んでいる．

Q11　ゲームの理論におけるジレンマ

Q10においてゲームの理論における1つのジレンマ（囚人のジレンマ）を紹介したが，「囚人のジレンマ」以外のジレンマの型はあるのだろうか？ ゲームの理論におけるジレンマこそ，コンフリクトに満ちた現代社会を解く1つのキーワードになると思われる．

A11　ゲームの理論におけるジレンマの型は「囚人のジレンマ」以外に3

つある．それらは弱者ゲーム（Jジレンマゲーム），リーダーゲーム（Lジレンマゲーム），夫婦ゲーム（Wジレンマゲーム）と呼ばれている．そこで，本問の解答では，前問と同じ具体例（H・KとM・Kの例）を使ってこれらの3つのジレンマゲームを順をおって紹介する．

(1) Jジレンマゲーム

		M・K	
		事実を告白しない	事実を告白する
H・K	事実を告白しない	1か月の出演停止 / 1か月の出演停止	1年間の出演停止 / 処分なし
	事実を告白する	処分なし / 1年間の出演停止	芸能界から追放 / 芸能界から追放

表4-3　Jジレンマ

この型のゲームにおいては，H・K，M・K両人の利得は，次のように整理される（表4-3参照）．
① 両人とも内容を告白すれば，両人とも芸能界から追放される．
② 両人とも内容を告白しなければ，両人とも1か月の謹慎処分となる．
③ どちらか一人が内容を告白しないのにもう一方の一人が告白をした場合，告白しなかった方は1年間の謹慎処分になるが，告白した方は処分なしとなる．

さて，H・K，M・K両人は，どのような戦略を立てるであろうか？ところで，この状況におかれた両人は，次のように悩むであろう．

① 相手がもし告白するとすれば，自分は告白を避けなければならない．なぜなら，この場合，1年間の謹慎処分ですむが，相手が告白しているのに自分も告白すれば，芸能界からの追放という事態になってしまう．
② もし，相手が告白しないとする．すると，自分が告白すれば，処分なしとなり救われる．
③ したがって，相手が告白する場合と告白しない場合において，戦略が異なってくる．
④ しかし，相手が告白しようがしまいが，自分は告白しなければ「1年間の謹慎処分」という最低水準は確保される．すなわち，永久追放は回避できる．したがって，相手もこの考えを察知すれば，双方とも告白しなくて，「1か月の謹慎処分」が約束される．
⑤ このとき，もし片方が裏切った場合，裏切った方が処分なしとなる．しかし，双方とも裏切った場合，両人とも永久追放となる．ここに，両人のジレンマが発生する．それゆえ，このゲームは弱者ゲームと呼ばれる．

(2) Lジレンマゲーム

さて，この型のゲームにおいては，H・K，M・K両人の利得は，次のように整理される（表4-4参照）．
① 両人とも内容を告白すれば，両人とも芸能界から追放される．
② 両人とも内容を告白しなければ，両人とも1年間の謹慎処分となる．
③ どちらか1人が内容を告白しないのにもう一方の1人が告白した場合，告白しなかった方は1か月の謹慎処分になるが，告白した方は処分なしとなる．

	M・K	
H・K	事実を告白しない	事実を告白する
事実を告白しない	1年間の謹慎処分 / 1年間の謹慎処分	処分なし / 1か月の謹慎処分
事実を告白する	1か月の謹慎処分 / 処分なし	芸能界から追放 / 芸能界から追放

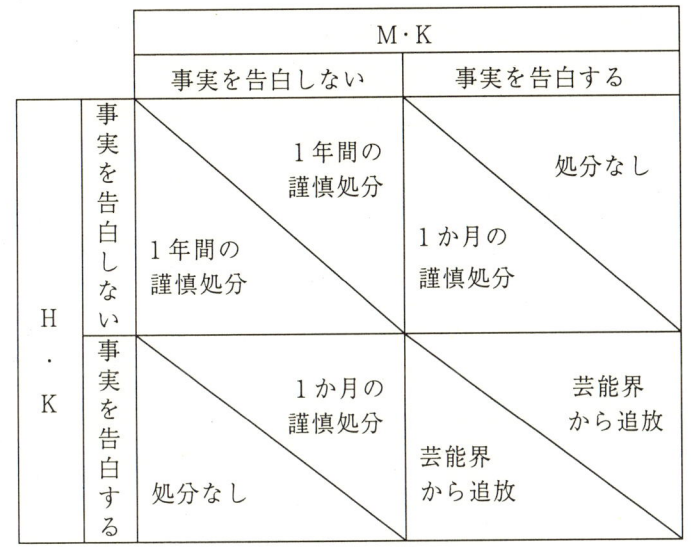

表4-4 Lジレンマ

　さて，H・K，M・K両人は，どのような戦略を立てるであろうか？ところで，この状況におかれた両人は，次のように悩むであろう．

① 相手がもし告白するとすれば，自分は告白を避けなければならない．なぜなら，この場合，1か月の謹慎処分ですむが，相手が告白しているのに自分も告白すれば，芸能界からの追放という事態になってしまう．

② もし，相手が告白しないとする．すると，自分は告白すれば，処分なしとなり救われる．

③ したがって，相手が告白する場合と告白しない場合において，戦略が異なってくる．

④ しかし，相手が告白しょうがしまいが，自分は告白しなければ，「1年間の謹慎処分」という最低水準は保証される．すなわち，追放は回避できる．
　　したがって，相手もこの考えを察知すれば，双方とも告白しなくて，「1年間の処分」が約束される．

⑤ ところで，表4-4をよくみると，このゲームにおいては，双方の戦略が異なった場合，同じ戦略の場合により，すべてよい状態が保証される．し

かも，告白した人（主）が告白しない人（従）より1レベルよい状態となる．したがって，リーダーの人が告白すれば他方の一人は，告白しなければよいことになる．それゆえ，このゲームはリーダーゲームと呼ばれる．

(3) Wジレンマゲーム

さて，この型のゲームにおいては，H・K，M・K両人の利得は，次のように整理される（表4-5参照）

① 両人とも内容を告白すれば，両人とも芸能界から追放される．
② 両人とも内容を告白しなければ，両人とも1年間の謹慎処分となる．

	M・K 事実を告白しない	M・K 事実を告白する
H・K 事実を告白しない	1年間の謹慎処分／1年間の謹慎処分	処分なし／1か月の謹慎処分
H・K 事実を告白する	1か月の謹慎処分／処分なし	芸能界から追放／芸能界から追放

表4-5　Wジレンマ

以上，①，②はLジレンマゲームと同じである．
③　どちらか1人が内容を告白しないのにもう一方の1人が告白した場合，告白しなかった方は処分なしになるが，告白した方は1か月の謹慎処分となる．

さて，H・K，M・K両人は，どのような戦略を立てるであろうか？ところで，この状況におかれた両人は，次のように悩むであろう．

① 相手がもし告白するとすれば，自分は告白を避けなければならない．なぜなら，この場合，処分なしとなるが，相手が告白しているのに自分も告白すれば，芸能界から永久追放という事態になってしまう．
② もし，相手が告白しないとする．すると，自分は告白すれば，1か月の謹慎処分となり一応救われる．
③ したがって，相手が告白する場合と告白しない場合において，戦略が異なってくる．
④ しかし，相手が告白しょうがしまいが，自分は告白しなければ「1年間の謹慎処分」という最低水準は保証される．すなわち，永久処分は回避できる．したがって，相手もこの考えを察知すれば，双方とも告白しなくて，「1年間の謹慎処分」が約束される．
⑤ ところで，表4-5をよく見ると，このゲームにおいては，双方の戦略が異なった，同じ戦略の場合より，すべてよい状態が保証される．しかも告白した人（主人）より告白しない人（奥さん）のほうが1レベルよい状態となる．したがって，主人が告白すれば，従属の人（奥さん）は告白しなければ，最高の状態が約束されることになる．それゆえ，このゲームは夫婦（Wジレンマ）ゲームと呼ばれる．

Q12　ナッシュ均衡解

　ゲームの理論は，フォンノイマン・モルゲンシュテルンの共著『ゲーム理論と経済行動』（1944年）の出版で，正式に産声を上げ，その後経済行動の合理性の解明を主な目的として発展してきた．そして，1994年，ナッシュ，ハルサニ，ゼルテンの3人がノーベル経済学賞を受賞し，頂点を極めた．

　ところで，映画『ビューティフルマインド』で一躍有名になったナッシュは，ゲームの理論の創始者フォンノイマンの次に著名な大家であるが，彼の仕事は，ナッシュ均衡解の提唱にある．

　ところで，ナッシュ均衡解（点）とは，どのような概念なのであろうか？

A12　ゲームの理論の中心的課題は，次の4つの仕事より解決され，発展に寄与したといわれている．

1つは，フォン・ノイマンによるゼロ和2人ゲームのミニマックスの原理，2つ目は，ナッシュによる非ゼロ和2人ゲームのナッシュ均衡解（点），3つ目は，ハルサニによる情報不完備ゲームのベイジアン均衡解（点），ゼルテンによるダイナミックゲーム（展開形ゲーム）の完全均衡解（点）である．しかし，特に重要なのは，ノイマンのゼロ和2人ゲームのミニマックスの原理とナッシュによる非ゼロ和2人ゲームのナッシュ均衡解（点）である．ミニマックスの原理については，Q10で説明したので，ここでは，ナッシュ均衡について説明する．

ノイマンによるゼロ和2人ゲームでは，ミニマックス原理による均衡点があった．つまり1人が得る利益の分だけ，もう1人が損益を被るゼロ和2人では，1人のマクシミン戦略によって得られる最小利益の最大値と，もう1人がミニマックス原理によって得られる最大利益の最小値は，一致するものでありこれを均衡点とした．

そして，この均衡点における戦略を2人が選択すれば，1人は利益を最も高めることができ，もう1人は損失を最も低めることができるのである．

ところで，ナッシュは，非ゼロ和2人ゲームでも均衡解（点）があることを証明し，ノイマンの理論をさらに発展させた．この考えを簡単に説明すると2人のプレイヤーが折り合える点が存在し，またプレイヤーが自分の利益を上げようと必死に動いても効果はなく，相手の利益を互いに見ながら動いてはじめて決まるというものである．

ここでは，支配される戦略の連続的な除去により得られるナッシュ均衡点について，表4-6に示した例により説明する．

表4-6のゲームでは，プレイヤーⅠ，ⅡともにX，Y，Zと3つの戦略を有し，行列（利得表）の左（右）の数字は，それぞれプレイヤーⅠ（Ⅱ）の利得を示している．いま，プレイヤーⅠの戦略Y，Zによる利得を比較すると，プレイヤーⅡの戦略が何であろうとつねに戦略Yによる利得の方が，戦略Zによる利得よりも大きい．このとき，戦略Yは戦略Zを支配する

プレーヤーⅡ

	戦略 X	戦略 Y	戦略 Z
戦略 X	6, 6	12, 2	−2, 0
戦略 Y	2, 12	8, 8	4, 2
戦略 Z	0, −2	2, 4	0, 0

プレーヤーⅠ

表4−6　ナッシュ均衡解の例

（戦略Zは戦略Yに支配される）という．このとき服従戦略Z（支配される戦略Z）は，明らかにプレイヤーⅠの利得最大化と矛盾する．ゲームの利得行列（ペイオフマトリックス）は対称だからプレイヤーⅡについても同様のことが成り立つ．したがって，プレイヤーの合理的行動の分析には，服従戦略Zを除した2つの戦略X，Yによるゲームに帰着される（表4−7参照）．

ゲームのペイオフマトリックス（表4−7より）からさらにプレイヤーⅠ，Ⅱに関して，戦略Xは戦略Yを支配していることがわかる．したがって，戦略Yを除去すれば，戦略の組(x, x)が残る（表4−7のカッコの内）．そして，戦略の組(x, x)はゲームの唯一のナッシュ均衡解（点）であることは明らかである．

利得最大化（すなわち損失最小化）を目的とするプレイヤーⅠは服従戦略

プレーヤーⅡ

	戦略 X	戦略 Y
戦略 X	6, 6	12, 2
戦略 Y	2, 12	8, 8

プレーヤーⅠ

表4−7　ナッシュ均衡解の例

を除去し，また相手プレイヤー（Ⅱ）もⅠと同じように服従戦略を用いないであろうと合理的に推論できる．この一連の推論プロセスを繰り返すことによって一意的にナッシュ均衡解（点）(x, x)に達することができる．服従戦略の連続的除去によって得られるナッシュ均衡点は，プレイヤーⅠ，Ⅱの合理的行動の解として明確な説得力を持つと考えられる．

以上が，ナッシュ均衡の説明である．

第5章　AHPによる意思決定

Q13　相対評価法

　プロ野球はいまや，シーズン中だけでなく，オフシーズンも話題騒然としている．その中でも特にドラフトは，将来のプロ野球を支える人材の発掘の場として，最大の関心事となる．ところで，某球団の幹部は，誰をドラフトの1位指名にするか悩み，私のところに相談に訪れた．この球団は，ここ何年か投手陣にアキレス腱があり，今回のドラフトでも投手を中心に指名するそうである．候補者は3人おり，それぞれ優秀な投手ばかりである．
　さて，この問題をどうやって解決すればよいだろうか．？

A13
　私は，「AHP手法」を使い，この3候補のドラフト順位を決めることを提案した．ところで，このAHPは，1970年代にThomas L. Saatyが提唱したもので，不確定な状況や多様な評価基準における意思決定手法である．この手法は，問題の分析において，主観的判断とシステムアップノーチをうまくミックスした問題解決型意思決定手法の1つである．
　AHP手法は，次に示す3段階から成り立ったが，ドラフトを例に説明する．

第1段階　（問題の階層化）

　某球団の幹部が考えるドラフト指名の条件は，将来性，アマ時代の成績，性格，交友関係，学校（会社）の環境，スター性の6つである．この様子を図5-1に示す．すなわち，階層の最上層（レベル1）は総合目的であるドラフト選定を，レベル2は6つの評価基準を，そして最下層（レベル3）には3人の候補選手をそれぞれ置く．これらの要素はすべて関連するので線で結ばれる．

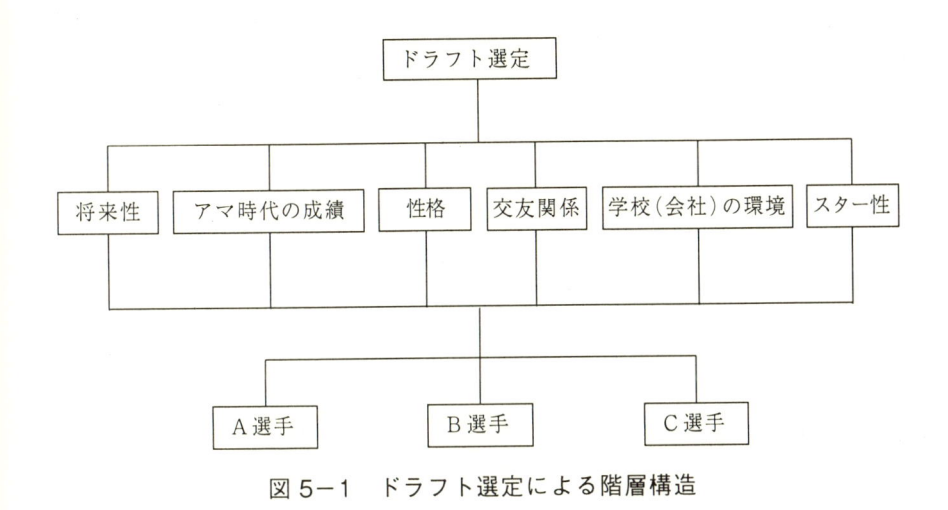

```
                    ┌──────────┐
                    │ドラフト選定│
                    └────┬─────┘
   ┌────────┬────────┬───┴────┬────────┬────────┐
┌──┴──┐┌────┴────┐┌──┴──┐┌────┴────┐┌──┴──────┐┌┴────┐
│将来性││アマ時代の成績││性格││交友関係││学校(会社)の環境││スター性│
└─────┘└─────────┘└─────┘└─────────┘└─────────┘└─────┘
```

                ┌──────┐ ┌──────┐ ┌──────┐
                │A選手 │ │B選手 │ │C選手 │
                └──────┘ └──────┘ └──────┘

図5–1　ドラフト選定による階層構造

第2段階　(各要素の一対比較)

次に、レベル2の6つの評価基準が相対的にどれだけドラフトの選定に貢献しているかを某球団の幹部は判断した。それには、これら6つの評価基準のうちの2つずつを比べて、表5–1のようにまとめる。たとえば、将来性と

	将来性	アマ時代	性　格	交友関係	環　境	スター性
将来性	1	2	1	5	5	1
アマ時代	1/2	1	1/3	2	3	1
性　格	1	3	1	3	3	1/2
交友関係	1/5	1/2	1/3	1	1	1/3
環　境	1/5	1/3	1/3	1	1	1/3
スター性	1	1	2	3	3	1

表5–1　ドラフト選定に関するレベル2の各評価基準の一対比較(a_{ij})

交友関係を比べると、将来性の方が、かなり重要と判断すれば、a_{14}は5となる (表5–2参照)。また、アマ時代の成績より、性格のほうがやや重要と判断すればa_{32}は3となる。なお、a_{ii}は1、a_{ji}は$1/a_{ij}$と決めるので、全部で

15回の一対比較がいる．ただし，重要でない尺度は分数を使う．

次に，図5-1のレベル3に示した3候補を1つ上のレベルの要素（評価基準）のおのおのについて比較する．たとえば，将来性に関して3人を比較して表5-3 (a) を作る．

重要性の尺度	定　義
1	equal importance　　　（同じくらい重要）
3	weak importance　　　（やや重要）
5	strong importance　　　（かなり重要）
7	very strong importance（非常に重要）
9	absolute importance　　（極めて重要）

（2, 4, 6, 8は中間のときに用いる）　$a_{ij} = \dfrac{1}{a_{ij}}$

表5-2　重要性の尺度とその定義

2行3列の「5」は，C投手に比べて，B投手は，将来性に関して，かなり魅力度（重要度）があるという意味である．以下，同様にして，アマ時代の成績（表5-3 (b)）からスター性（表5-3 (f)）までを作る．

第3段階（優先度の計算）

まず，図5-1のレベル2の6つの評価基準の総合目的に関する重みは，表5-1を行列とみなすと，その最大固有値が6.28で，これに関する固有ベクトルとして，次のように求められる（付録数学的背景参照）．

$$(0.274,\ 0.143,\ 0.221,\ 0.068,\ 0.063,\ 0.231)$$

これにより，某球団の幹部の判断では，ドラフトの選定において，将来性に27.4％，スター性に23.1％，性格に22.1％，アマ時代の成績に14.3％，交友関係に6.8％，学校（会社）の環境に6.3％の重きをおいていることがわかる．

次に，レベル3の各候補選手のレベル2の各評価基準に関する重みを求め

(a) 将来性

	A	B	C
A	1	1/2	2
B	2	1	5
C	1/2	1/5	1

(b) アマ時代

	A	B	C
A	1	3	1/3
B	1/3	1	1/9
C	3	9	1

(c) 性格

	A	B	C
A	1	1/5	1/2
B	5	1	3
C	2	1/3	1

(d) 交友関係

	A	B	C
A	1	2	1/2
B	1/2	1	1/4
C	2	4	1

(e) 環境

	A	B	C
A	1	3	1/3
B	1/3	1	1/9
C	3	9	1

(f) スター性

	A	B	C
A	1	1/2	3
B	2	1	9
C	1/3	1/9	1

表5-3 6つの評価基準に対する3各候補選手の一対比較

る．たとえば，将来性に関して3候補の重みは，固有ベクトルの計算により次のように求められる．

$$(0.277, 0.595, 0.128)$$

つまり，B候補は某球団幹部にとって最も将来性のある選手と映るのである．残りの5つの評価基準に関しての3候補の重みを求め，将来性に関する重みとともにまとめると表5-4のようになる．

	将来性	アマ時代の成績	性格	交友関係	環境	スター性
A	0.277	0.231	0.122	0.286	0.231	0.279
B	0.595	0.077	0.648	0.143	0.077	0.640
C	0.128	0.692	0.230	0.571	0.692	0.081

表 5-4

最後に，それらをまとめて A，B，C 3 候補の総合評価は次のようになる．

$$0.274 \times \begin{bmatrix} 0.277 \\ 0.595 \\ 0.128 \end{bmatrix} + 0.143 \times \begin{bmatrix} 0.231 \\ 0.077 \\ 0.692 \end{bmatrix} + 0.221 \times \begin{bmatrix} 0.122 \\ 0.648 \\ 0.230 \end{bmatrix}$$

$$+ 0.068 \times \begin{bmatrix} 0.286 \\ 0.143 \\ 0.571 \end{bmatrix} + 0.063 \times \begin{bmatrix} 0.231 \\ 0.077 \\ 0.692 \end{bmatrix} + 0.231 \times \begin{bmatrix} 0.279 \\ 0.640 \\ 0.081 \end{bmatrix}$$

$$= \begin{matrix} A \\ B \\ C \end{matrix} \begin{bmatrix} 0.234 \\ 0.480 \\ 0.286 \end{bmatrix}$$

このようにして，ドラフト 3 候補選手の総合優先度（総合評価）が求められた．つまり B＞C＞A の選考順序となる．したがって，某球団は，B 候補選手をドラフト 1 位指名にすればよいのである．

Q14　絶対評価法

　AHP を提唱した T.L.seaty 教授は，現在ピッツバーグ大学に勤務しておられる．そしてこの大学があるピッツバーグ市は，1985 年，ランド・マクナリー社（地図出版社）の調査により全米 329 都市圏の中で，「アメリカで最も住みよい町」とランクされた．鉄鋼の町，スモッグの町というイメージに反し，当地を初めて訪れる人は，町の美しさ，都心のビル群と町の活気に驚かされる．ピッツバーグ再生の秘密を研究しようと，日本からも視察団の来訪がひきもきらない．

　さて，ピッツバーグが最も住みやすいとランクされた理由は，他の大都市に比べて，犯罪がきわめて少なく，住宅コストが安いことに加えて，教育水準・文化・医療水準が高いことである．その意味から，ピッツバーグでの生

活は，海外生活が初めての人にとっても，不安なくとけ込める理想的な町といえる．

そこで，日本の関西にある都市の住みやすさの評価をAHPにより分析することにしよう．さてどのようにしたらよいであろうか？

A14 このような問題は，前問のような相対評価法ではなく「絶対評価法」で分析することがよい．ところで，「相対評価法」では，各評価基準に関する各代替案の評価は，各代替案間のペア比較で行った．Seatyはこのやり方を「Relative Measorement法」と呼んでいる．ところがこの方法では，次に挙げるような問題点を有している．
(1) 代替案が追加されたときもう一度ペア比較をやり直さなければならない．
(2) 次問で述べるように代替案が追加されたとき代替案の順位が逆転する場合がある．
(3) 代替案の数が多くなると，ペア比較の数（$_nC_2$）が極めて多くなり一人の観測者では一度に処理（ペア比較）するのは困難になる．しかも整合性（首尾一貫性）が悪くなることが認められている．

そこで，saatyはこのような不都合を解消するため「Absolute Measurement法」を提唱している．この方法は，各評価基準に対する各代替案の評価は，相対評価（Relative Measurement）ではなく絶対評価（Absolute Measurement）で行うのである．すなわち，この方法は各評価基準のペア比較だけが必要で，各評価基準に関する各代替案間のペア比較は必要ではない．

このような絶対評価法の特徴は，前述した問題点（(1)，(2)，(3)）を克服したところにあるが，この手法の手順を「都市の住みやすさの評価」を例に説明する．

(1) 第1段階

この問題に関する階層構造を図5-2に示す．すなわち，レベル1に総合目的である「都市の住みやすさの評価」を，そしてレベル2に5つの評価基準（「交通」，「経済」，「住宅環境」，「レジャー」，「文化」）を，最後にレベル3に7つの都市（神戸，大阪，京都，奈良，姫路，明石，和歌山）をそれぞれ

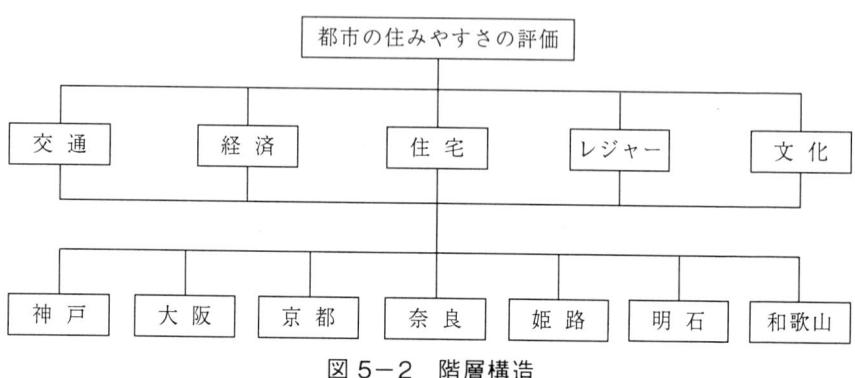

置く.

```
                    ┌──────────────────┐
                    │ 都市の住みやすさの評価 │
                    └──────────────────┘
```

┌──────┐ ┌──────┐ ┌──────┐ ┌──────┐ ┌──────┐
│ 交 通 │ │ 経 済 │ │ 住 宅 │ │レジャー│ │ 文 化 │
└──────┘ └──────┘ └──────┘ └──────┘ └──────┘

┌────┐ ┌────┐ ┌────┐ ┌────┐ ┌────┐ ┌────┐ ┌──────┐
│神戸│ │大阪│ │京都│ │奈良│ │姫路│ │明石│ │和歌山│
└────┘ └────┘ └────┘ └────┘ └────┘ └────┘ └──────┘

図 5-2　階層構造

次に,「都市の住みやすさの評価」に関する 5 つの評価基準のペア比較を行う. その結果は, 表 5-5 に示したとおりである.

このマトリックスの最大固有値に対する固有ベクトルは,

$$W^T = (0.411,\ 0.242,\ 0.207,\ 0.073,\ 0.067)$$

となる. すなわち,「都市の住みやすさの評価」に関して,「交通」が最も重要な評価基準であり, 41%強の影響力があることがわかった. 次に,「経済」,「住宅」の評価基準

	交 通	経 済	住 宅	レジャー	文 化
交 通	1	3	2	5	4
経 済	1/3	1	2	4	3
住 宅	1/2	1/2	1	5	3
レジャー	1/5	1/4	1/5	1	2
文 化	1/4	1/3	1/3	1/2	1

表 5-5　各評価基準間のペア比較

が続き, それぞれ, 24%強, 21%弱の影響力があることがわかった. この結果, 学生(このアンケートに協力したのは学生であった)にとって,「都市の住みやすさ」の条件は, 機能性, 経済性が中心であることがわかる. すなわ

ち，機能性中心のシナリオにより，以下分析を進めることになる．

(2) 第2段階

次に，各評価基準に関して絶対評価水準を認定する．本稿の例の場合，表5-6のように仮定した．たとえば，「交通」の評価基準は（最高に便利，とても便利，便利，普通，不便）というように5段階で評価している．そして，各都市（神戸，大阪，京都，奈良，姫路，明石，和歌山）の評価を，5つの評価基準ごとに表5-6に示した評価水準に従って行った．その結果を表5-7に示す．

次に，各評価基準に関して，どの程度良いのか（便利なのか），悪いのか（不便なのか）

交通	経済	住宅	レジャー	文化
最高に便利	良い	とても良い	良い	良い
とても便利		良い	普通	悪い
便利	普通	普通	悪い	
普通	悪い	悪い		
不便				

表5-6 評価水準

	交通	経済	住宅	レジャー	文化
神戸	便利	良い	普通	良い	悪い
大阪	便利	良い	悪い	普通	悪い
京都	普通	普通	悪い	良い	良い
奈良	不便	悪い	普通	普通	良い
姫路	普通	悪い	良い	悪い	良い
明石	普通	悪い	普通	普通	良い
和歌山	不便	普通	普通	良い	悪い

表5-7 各都市の評価

を定量的に計算する．そのために，5つの評価基準ごとに評価水準のペア比較を行った．その結果を，表5-8に示す．さらに，これら5つの行列の最大固有値に対する固有ベクトルはそれぞれ次のようになる．

1 交通
$$W_1^T = (0.411, 0.242, 0.207, 0.073, 0.067)$$

2 経済
$$W_2^T = (0.637, 0.258, 0.105)$$

交通

	最高に便利	とても便利	便利	普通	不便
最高に便利	1	2	3	5	7
とても便利	1/2	1	2	3	5
便利	1/3	1/2	1	2	4
普通	1/5	1/3	1/2	1	3
不便	1/7	1/5	1/4	1/3	1

経済

	良い	普通	悪い
良い	1	3	5
普通	1/3	1	3
悪い	1/5	1/3	1

住宅

	とても良い	良い	普通	悪い
とても良い	1	3	5	7
良い	1/3	1	4	6
普通	1/5	1/4	1	5
悪い	1/7	1/6	1/5	1

レジャー

	良い	普通	悪い
良い	1	2	4
普通	1/2	1	2
悪い	1/4	1/2	1

文化

	良い	悪い
良い	1	5
悪い	1/5	1

表5-8

3 住宅
$$W_3^T = (0.544, 0.287, 0.124, 0.045)$$

4 レジャー
$$W_4{}^T = (0.571, 0.286, 0.143)$$
5 文化
$$W_5{}^T = (0.833, 0.167)$$

次に，各都市の各評価基準ごとの評価（表5-7）をもとにして，評価マトリックス S_{ij} を決定する．

(3) 第3段階

以上の結果より，レベル2の各評価基準間と各評価基準に関する評価水準間の重み付けが計算された．そして，評価マトリックス S_{ij} が決定された．この結果より，各代替案（神戸，大阪，京都，奈良，姫路，明石，和歌山）の総合評価は次式により求めることができる．

$$E_j = S_{ij} \cdot W$$

したがって，本例における各都市の総合評価値は，次式のようになる．

$$E = \begin{matrix} & 交通 & 経済 & 住宅 & レジャー & 文化 \\ 神戸 & 0.207/0.411 & 0.637/0.637 & 0.124/0.544 & 0.571/0.571 & 0.167/0.833 \\ 大阪 & 0.207/0.411 & 0.637/0.637 & 0.045/0.544 & 0.286/0.571 & 0.167/0.833 \\ 京都 & 0.073/0.411 & 0.258/0.637 & 0.045/0.544 & 0.571/0.571 & 0.833/0.833 \\ 奈良 & 0.067/0.411 & 0.105/0.637 & 0.124/0.544 & 0.286/0.571 & 0.833/0.833 \\ 姫路 & 0.073/0.411 & 0.105/0.637 & 0.287/0.544 & 0.143/0.571 & 0.833/0.833 \\ 明石 & 0.073/0.411 & 0.105/0.637 & 0.124/0.544 & 0.286/0.571 & 0.833/0.833 \\ 和歌山 & 0.067/0.411 & 0.258/0.637 & 0.124/0.544 & 0.571/0.571 & 0.833/0.833 \end{matrix} \begin{bmatrix} 0.411 \\ 0.242 \\ 0.207 \\ 0.073 \\ 0.067 \end{bmatrix}$$

この結果，

$$E^T = (0.525, 0.458, 0.345, 0.233, 0.324, 0.280, 0.275)$$

となる．すなわち，この分析において評価した学生達にとって，住みやすい都市の優先順位は，神戸＞大坂＞京都＞姫路＞明石＞和歌山＞奈良となることがわかる．

Q15 順位逆転現象

　人が，人生を歩んでいくことは，それ自体大変な重荷である．この変動の大きな，かつ，価値観の多様な社会を生き抜くためには，豊富な情報量，冷静な分析力，機敏な行動力，ゆるぎない自信がなければならない．そして，ベストの意思決定を行うことにより，成功へのパスポートを手にすることができる．このような意思決定においては，多くの代替案の中からいくつかの評価基準に基づいて，一つあるいは複数の代替案を選ぶという場合が多い．考えてみれば，人の一生は選択行動の積み重ねであり，一種の意思決定の集合ともいえよう．

　ところで，本例では，前述した AHP 手法により，ある会社の次期社長候補の選定問題を解決することにする．

　すでに本章の Q13, Q14 で説明したように，AHP 手法とは，次に示す 3 段階から成り立つものである．

[第 1 段階]　(問題の階層化)

　たとえば，ある会社の次期社長候補に，A, B, C の 3 氏が浮上したとする．そして評価基準は，a（先見性），b（決断力），c（指導力）の 3 要素が選ばれた．このとき，この問題（次期社長の選定）に関する階層構造は図 5-3 のようになる．

[第 2 段階]　(要素の一対比較)

　各レベルの要素間の重み付けを行う．つまり，あるレベルにおける要素間の一対比較

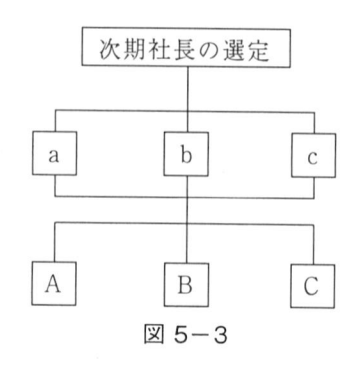

図 5-3

を，一つ上のレベルにある関係要素を評価基準にして行う．これらの一対比較に用いられる値は，Q13，Q14と同様とする．

そこで，レベル2の3つの評価基準（前述のa,b,c）が相対的にどれだけ次期社長の選定に影響しているかを，経験とカンで判断する．それには，これら3つの基準のうちの2つづつを比べて，表5-8のようにまとめる．この場合，同じくらい重要なので，「1」という数が入る．

a（先見性）

	A	B	C
A	1	1/9	1
B	9	1	9
C	1	1/9	1

b（決断力）

	A	B	C
A	1	9	9
B	1/9	1	1
C	1/9	1	1

c（指導力）

	A	B	C
A	1	8/9	8
B	9/8	1	9
C	1/8	1/9	1

表5-9

次に，レベル3に示した3人の候補者を，1つ上のレベルの要素（評価基準）の各々について比較する．その結果は，表5-9に示すようになる．たとえば，先見性に関してB氏はC氏に比べて極めて優れている（重要である）と判断したので，aのマトリックス（行列）の2行3列は「9」となる．一方，決断力に関してA氏はB氏に比べて極めて優れていると判断したので，bのマトリックスの1行2列は「9」となる．以下，同様にして，3つの表を作成した．

第3段階（優先度の計算）

以上のようにして得られた各レベルのペア比較マトリックス（既知）から，各レベルの要素間の重み（未知）を計算する．これには，線形代数の固有値の考え方を使う．このようにして，各レベルの要素間の重み付けが計算されると，この結果を用いて階層全体の重み付けを行う．これにより，総合目的に対する各代替案の優先順位が決定する．

まず，この例におけるレベル2の3つの評価基準の重みは，

$$(1/3, 1/3, 1/3)$$

となる．

次に，レベル3の各候補者のレベル2の各評価基準に関する重みを求める．それらは，次のようになる．

　　a（先見性）：(1/11, 9/11, 1/11)
　　b（決断力）：(9/11, 1/11, 1/11)
　　c（指導力）：(8/18, 9/18, 1/18)

最後に，それらをまとめて，A，B，C，3氏の総合評価は，次に示すようになる．

$$X = \begin{array}{c} A \\ B \\ C \end{array}\begin{pmatrix} 1/11 & 9/11 & 8/18 \\ 9/11 & 1/11 & 9/18 \\ 1/11 & 1/11 & 1/18 \end{pmatrix}\begin{pmatrix} 1/3 \\ 1/3 \\ 1/3 \end{pmatrix} = \begin{array}{c} A \\ B \\ C \end{array}\begin{pmatrix} 0.45 \\ 0.47 \\ 0.08 \end{pmatrix}$$

したがって，B氏が次期社長になることが，望ましいと思われる．

ところで，ここに新たに，D氏も候補者の一人として浮上してきた．そこで，D氏も加えた4氏による評価をすることになった．ただし，3つの評価基準の重み（1/3, 1/3, 1/3），並びに各評価基準に関する3氏（A, B, C）のペア比較の値は変えないとする．その結果，3つの評価基準に関する4氏のペア比較行列は，表5-10に示すようになった．したがって，各評価基準に対する4人の重みは，次のようになる．

a（先見性）

	A	B	C	D
A	1	1/9	1	1/9
B	9	1	9	1
C	1	1/9	1	1/9
D	9	1	9	1

b（決断力）

	A	B	C	D
A	1	9	9	9
B	1/9	1	1	1
C	1/9	1	1	1
D	1/9	1	1	1

c（指導力）

	A	B	C	D
A	1	8/9	8	8/9
B	9/8	1	9	1
C	1/8	1/9	1	1/9
D	9/8	1	9	1

表5-10

　　a（先見性）：(1/20, 9/20, 1/20, 9/20)
　　b（決断力）：(9/12, 1/12, 1/12, 1/12)
　　c（指導力）：(8/27, 9/27, 1/27, 9/27)

最後に，それらをまとめて，A, B, C, D 4 氏の総合評価は，次に示すようになる．

$$X = \begin{pmatrix} & a & b & c \\ A & 1/20 & 9/12 & 8/27 \\ B & 9/20 & 1/12 & 9/27 \\ C & 1/20 & 1/12 & 1/27 \\ D & 9/20 & 1/12 & 9/27 \end{pmatrix} \begin{pmatrix} 1/3 \\ 1/3 \\ 1/3 \end{pmatrix} = \begin{pmatrix} A & 0.37 \\ B & 0.29 \\ C & 0.06 \\ D & 0.29 \end{pmatrix}$$

その結果，A 氏が次期社長になることが望ましいと思われる．

しかし，この結果は，実にパラドックスに満ちている．というのは，新たに D 氏を加えることにより，いままでの 3 氏の中で，A・B 両氏の評価が逆転するからである．しかも，A, B, C 3 氏の評価に関するペア比較行列の値は，D 氏が加わっても変わっていないのであるから．何故であろうか？

A15 実は，この順位逆転現象は，ベルトンとゲアによって指摘されたものであるが，提唱者サーティは，この種の逆転は受け入れられると反論している．なぜなら，追加された代替案（この例では D 氏）が，今までの代替案のコピーならば，その代替案の重みが下がることが明らかにされたからである．表 5-10 をよく見ると，D 氏は B 氏のコピーであることがわかる．たとえ同一人物でなくとも，各々の評価基準に対して同じ評価を受ける人である．このようなコピーが入れば入るほど，該当する代替案の重みは下がる一方である．そのため，追加された代替案がいままでの代替案のコピーの場合，次のような計算を行う（表 5-11 参照）

	a	b	c	計
A	$1/11 \times 1/3$	$9/11 \times 1/3$	$8/18 \times 1/3$	$\dfrac{1/33 + 9/33 + 8/54}{1.4697} = 0.30699$
B	$9/11 \times 1/3$	$1/11 \times 1/3$	$9/18 \times 1/3$	0.31959
C	$1/11 \times 1/3$	$1/11 \times 1/3$	$1/18 \times 1/3$	0.05384
D	$9/11 \times 1/3$	$1/11 \times 1/3$	$9/18 \times 1/3$	0.31959
計	$20/33 = 0.6061$	$12/33 = 0.3636$	$1/2 = 0.5$	1.4697

表 5-11

すなわち，A，B，C，3氏のペア比較行列をベースにして，各評価基準に関する3氏の重みを求める．ところで，D氏はB氏のコピーであるから，各評価基準ともその評価はB氏と同一である．また，各評価基準の重みは，a, b, cとも1/3であるから，それをかける．次に，a, b, cの列を合計すると，それぞれ20/33, 12/33, 1/2となり，その合計は，1.4697である．

一方，A，B，C，Dの行をそれぞれ合計し，正規化（各候補者の重みの合計を1.0にする）のため，1.4697で割る．その結果は，A (0.307)，B (0.3195)，C (0.054)，D (0.3195) となる．

したがって，
$$B = D > A > C$$
の順に評価され，順位逆転現象は起こらない．

さて，この会社では，B氏とD氏が最も優れていることがわかり，B氏が社長，D氏が副社長になり，2人の連立政権が誕生したのであった．

第6章 階層構造化モデルによる意思決定

Q16 ISMとは

前章（第5章）においてAHP手法を紹介したが，そのとき，問題の評価基準を階層構造に分解した．しかし，そこで示した例では，意思決定者が階層構造を主観的に決定した．したがって，数学モデルを用いて，より客観的な方法で最適な階層構造を導出することが望まれる．このような場合に用いられる数学的手法とはどのようなモデルであろうか？

A16
このような場合に用いられる数学的手法にISMモデルがある．ISMモデルは，J.W.Warfieldによって提唱されたInterpretive Structural Modelingの頭文字をとった名称で，階層構造化手法の1つである．ところでこのモデルの特徴は，次に示すとおりである．

① 問題を明確にするためには，多くの人の知恵を集める必要があるとする参加型のシステムである．
② このようなブレーンストーミングで得られた内容を定性的な方法で構造化し，結果を視覚的（階層構造）に示すシステムである．
③ 手法としては，アルゴリズム的であり，コンピューターによるサポートを基本としている．

このような手法を実際の問題に適用することにより，人間のもつ直感や経験的判断による認識のもつ矛盾点を修正し，問題をより客観的に明確にすることができる．

次に，計算の手順を示す．まず何人かのメンバーを集め，ブレーンストーミングにより関連要素を抽出する．そしてこの要素のペア比較を行い，要素 i

が要素 j に影響を与えていれば1, そうでなければ0として関係行列を作る. 以下, 図6−1を参照しながら読んでいくことにしょう.

さて, ISM モデルの計算手順を, プロ野球におけるドラフト選択の要因分析を例に説明する.

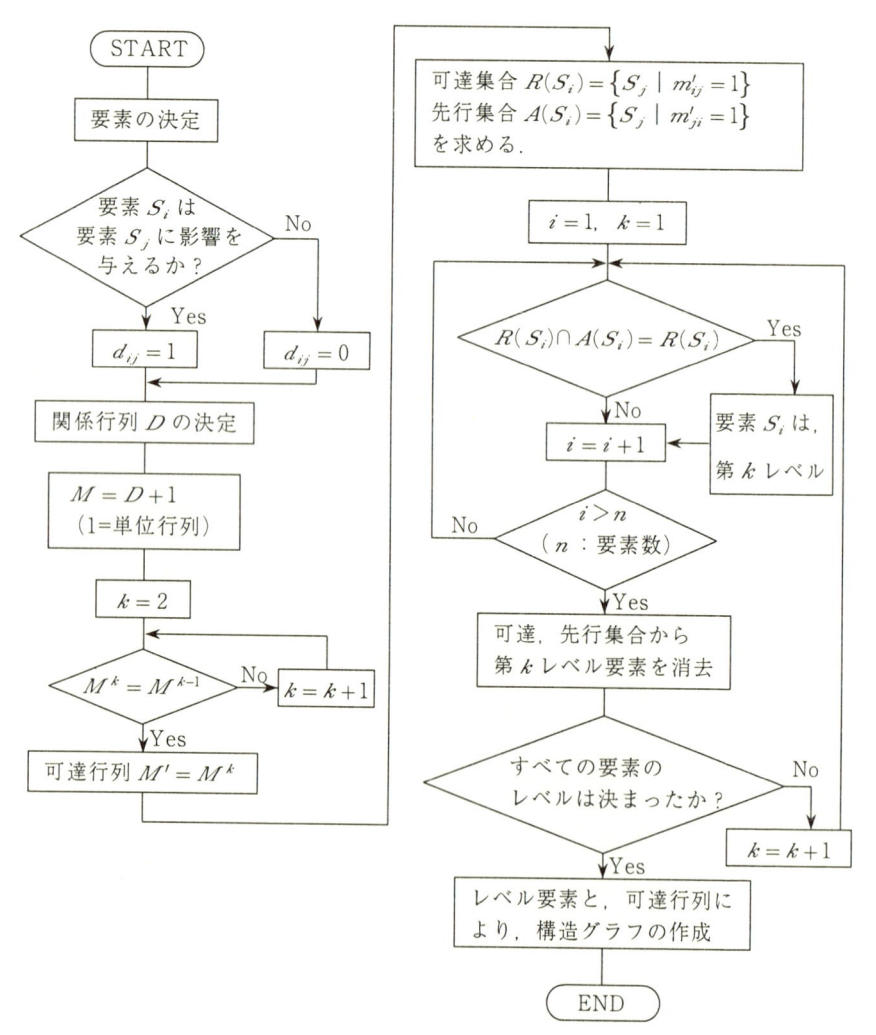

図6−1 ISMの計算アルゴリズム

まず，何人かのメンバーを集め，ブレーンストーミングにより，ドラフト選択に関係すると思われる要素を抽出した．その結果は，表6-1に示すようになった．ただし，要素の数は，全部で9つである．次に，これら9つの要素のペア比較を行い，要素 i が要素 j に影響を与えていれば1，そうでなければ0として関係行列（E）を作る．この例においては，表6-2に示すようになった．そして，単位行列 I を加えて，

$$N = E + I \tag{6-1}$$

とする．

番号	要素の内容
1	ドラフトの選択
2	将来性
3	アマ時代の状況
4	個人の資質
5	アマ時代の成績
6	学校（会社）における環境
7	スター性
8	性格
9	交友関係

表6-1 要素のリスト

要素	1	2	3	4	5	6	7	8	9
1	0	0	0	0	0	0	0	0	0
2	1	0	0	0	0	0	0	0	0
3	1	0	0	0	0	0	0	0	0
4	1	0	0	0	0	0	0	0	0
5	1	0	1	0	0	0	0	0	0
6	1	0	1	0	0	0	0	0	0
7	1	0	0	1	0	0	0	0	0
8	1	0	0	1	0	0	0	0	0
9	1	0	0	1	0	0	0	0	0

表6-2 関係行列

このNのベキ乗を次々と求め，可達行列 N^* を計算する（$N^K = N^{K-1}$ とな

るまで計算する).この例の可達行列 N^* は表6-3に示すとおりである.
次に,この可達行列により,各要素 t_i に対して,

要素	1	2	3	4	5	6	7	8	9
1	1	0	0	0	0	0	0	0	0
2	1	1	0	0	0	0	0	0	0
3	1	0	1	0	0	0	0	0	0
4	1	0	0	1	0	0	0	0	0
5	1	0	1	0	1	0	0	0	0
6	1	0	1	0	0	1	0	0	0
7	1	0	0	1	0	0	1	0	0
8	1	0	0	1	0	0	0	1	0
9	1	0	0	1	0	0	0	0	1

表6-3 可達行列

$$可達集合 \quad R(t_i) = \{x_j \mid n_{ij}' = 1\} \tag{6-2}$$
$$先行集合 \quad A(t_i) = \{t_j \mid n_{ji}' = 1\} \tag{6-3}$$

を求める.このことをより簡単にいえば,可達集合 $R(t_i)$ を求めるには,各行を見て「1」になっている列を集めればよく,先行集合 $A(t_i)$ を求めるには,各列を見て「1」になっている行を集めればよい.この例における各要素の可達集合と先行集合は表6-4に示すとおりである.

各要素の階層構造におけるレベルの決定は,

t_i	$R(t_i)$	$A(t_i)$	$R(t_i) \cap A(t_i)$
1	①	①, 2, 3, 4, 5, 6, 7, 8, 9	1
2	①, 2	1	2
3	①, 3	3, 5, 6	3
4	①, 4	4, 7, 8, 9	4
5	①, 3, 5	5	5
6	①, 3, 6	6	6
7	①, 4, 7	7	7
8	①, 4, 8	8	8
9	①, 4, 9	9	9

表6-4 可達集合と先行集合

この可達集合 $R(t_i)$ と先行集合 $A(t)$ により,
$$R(t_i) \cap A(t_i) = R(t_i) \tag{6-4}$$
となるものを，逐次求めていくものである．表6-4において，式(6-4)を満たすものは要素1だけであるから，まず第1レベルが決まる．すなわち,
$$L_1 = \{1\}$$
である．次に，要素1を表6-4から消去（丸印を付ける）して，同じように，式(6-4)を満たす要素を抽出する．その結果，レベル2としては,
$$L_2 = \{2, 3, 4\}$$
となる．次に，これらの要素 $\{2, 3, 4\}$ を消去すると，表6-5のようになる．

この表に対して，また，式(6-4)を適用すると，レベル3は,
$$L_3 = \{5, 6, 7, 8, 9\}$$

t_i	$R(t_i)$	$A(t_i)$	$R(t_i) \cap A(t_i)$
5	5	5	5
6	6	6	6
7	7	7	7
8	8	8	8
9	9	9	9

表6-5　可達集合と先行集合

となる．すなわち，この階層構造のレベルは3水準までとなる．これらのレベルごとの要素と表6-3に示した可達行列より，隣接するレベル間の要素の関係を示す構造化行列が得られる．この例の場合，表6-6に示すようになる．

この構造化行列より階層構造が決定する．すなわち，レベル1である要素1の列を見ると $\{1, 2, 3, 4\}$ に1があり，レベル2である要素2, 3, 4と関連することがわかる．同様にして，要素3には要素5, 6が，要素4には要素7, 8, 9が関連していることがわかる．

	1	2	3	4	5	6	7	8	9
1	1	0	0	0	0	0	0	0	0
2	1	1	0	0	0	0	0	0	0
3	1	0	1	0	0	0	0	0	0
4	1	0	0	1	0	0	0	0	0
5	0	0	1	0	1	0	0	0	0
6	0	0	1	0	0	1	0	0	0
7	0	0	0	1	0	0	1	0	0
8	0	0	0	1	0	0	0	1	0
9	0	0	0	1	0	0	0	0	1

表 6-6　構造化行列

以上，関連している要素間を線で結び，レベル 1 からレベル 3 の階層構造を図示したものが，図 6-2 である．

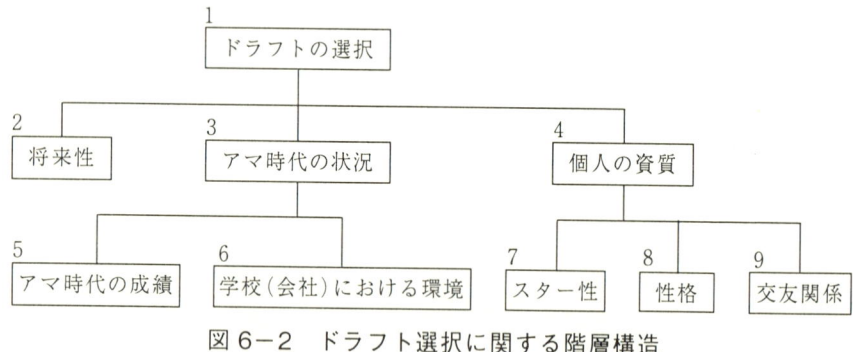

図 6-2　ドラフト選択に関する階層構造

Q17　ISM の応用例

ISM の応用例として公共投資の優先順位を考えてみることにする．具体的には，道路整備の着工優先順位である．道路は，日常生活や産業活動に欠くことのできない最も普遍的かつ基盤的な交通施設であるとともに，良好な生活環境の形成や，防災空間，都市や施設の収容空間としての役割を担っている．

ところが，わが国の道路整備の水準は非常に立ち後れており，道路財源の充実・強化を図りつつ，高速自動車道から市町村道に至るまでの道路網の体系的かつ計画的な整備，環境面をも重視した適正な道路空間の確保，および適切な維持管理を通じた安全で快適な道路交通の常時確保を基本方針として，道路整備を進めていく必要がある．また，限られた財源を有効に使い効率的な整備を進めるべく，道路網における各路線の優先度を評価し，緊急度の高いものから順次着工していくことが望まれる．

　そこで，このような道路整備の着工優先順位問題の階層構造をＩＳＭ手法を使って決定しようというものである．どのようにすればよいのであろうか？

A17　まず，道路整備の専門家を含む数名のメンバーを集め，ブレーンストーミングにより，道路整備の着工優先順位に関すると思われる要素の抽出を行った．その結果は，表6-7に示したとおりである．

要素 S_i	要素の内容
1	道路の整備の着工優先順位
2	便利性
3	環境性
4	経済性
5	アクセス性
6	快適性
7	確実性
8	安全性
9	整備水準
10	交通規則
11	防災関連
12	関連交通施設
13	用地費
14	施設費

表6-7　要素のリスト

これらの要素の具体的な内容は次のとおりである．

S_1（道路整備の着工優先順位）：比較対象路線において道路整備の着工優先順位を示す．

S_2（利便性）：実際に利用したときに関する要因を示す．

S_3（環境性）：その道路における物理的要因を示す．

S_4（経済性）：予算額のとりやすさを示す．

S_5（アクセス性）：ある目的地までの距離を示す．

S_6（快適性）：不快感など肉体的感覚を示す．

S_7（確実性）：車両の通行状態すなわち渋滞度を示す．

S_8（安全性）：事故などの危険性を示す．

S_9（整備水準）：道路幅員の充足度を示す．

S_{10}（交通規制）：一方通行や通行止めなどの有無を示す．

S_{11}（防災関連）：歩車道の分離および防災空間の状態を示す．

S_{12}（関連交通施設）：バス路線や高速道路などの有無を示す．

S_{13}（用地費）：幅員の水準確保に必要な用地に関する費用を示す．

S_{14}（施設費）：主として歩車道の分離に必要な施設に関する費用を示す．

次に，これら14の要素の一対比較を行い，関係行列（D）を作った．その結果は，表6-8に示したとおりである．さらに，この関係行列（D）から可達行列 M^* を計算した．その結果は，表6-9に示したとおりである．

さらに，この可達行列から，可達集合 $R(t_i)$，先行集合 $A(t_i)$ を求め，各要素の階層構造におけるレベル水準を決める．その結果，レベル1は，

S_{ij}	1	2	3	4	5	6	7	8	9	10	11	12	13	14
1	0	0	0	0	0	0	0	0	0	0	0	0	0	0
2	1	0	0	0	0	0	0	0	0	0	0	0	0	0
3	1	0	0	0	0	0	0	0	0	0	0	0	0	0
4	1	0	0	0	0	0	0	0	0	0	0	0	0	0
5	1	1	0	0	0	0	0	0	0	0	0	0	0	0
6	1	1	0	0	0	0	0	0	0	0	0	0	0	0
7	1	1	0	0	0	0	0	0	0	0	0	0	0	0
8	1	1	0	0	0	0	0	0	0	0	0	0	0	0
9	1	0	1	0	0	0	0	0	0	0	0	0	0	0
10	1	0	1	0	0	0	0	0	0	0	0	0	0	0
11	1	0	1	0	0	0	0	0	0	0	0	0	0	0
12	1	0	1	0	0	0	0	0	0	0	0	0	0	0
13	1	0	0	1	0	0	0	0	0	0	0	0	0	0
14	1	0	0	1	0	0	0	0	0	0	0	0	0	0

表 6-8　関係行列

S_{ij}	1	2	3	4	5	6	7	8	9	10	11	12	13	14
1	1	0	0	0	0	0	0	0	0	0	0	0	0	0
2	1	1	0	0	0	0	0	0	0	0	0	0	0	0
3	1	0	1	0	0	0	0	0	0	0	0	0	0	0
4	1	0	0	1	0	0	0	0	0	0	0	0	0	0
5	1	1	0	0	1	0	0	0	0	0	0	0	0	0
6	1	1	0	0	0	1	0	0	0	0	0	0	0	0
7	1	1	0	0	0	0	1	0	0	0	0	0	0	0
8	1	1	0	0	0	0	0	1	0	0	0	0	0	0
9	1	0	1	0	0	0	0	0	1	0	0	0	0	0
10	1	0	1	0	0	0	0	0	0	1	0	0	0	0
11	1	0	1	0	0	0	0	0	0	0	1	0	0	0
12	1	0	1	0	0	0	0	0	0	0	0	1	0	0
13	1	0	0	1	0	0	0	0	0	0	0	0	1	0
14	1	0	0	1	0	0	0	0	0	0	0	0	0	1

表 6-9　可達行列

$$L_1 = \{1\}$$

となり，レベル 2 は，

$$L_2 = \{2, 3, 4\}$$

となり，レベル 3 は，
$$L_3 = \{5, 6, 7, 8, 9, 10, 11, 12, 13, 14\}$$
となる．

すなわち，この階層構造のレベルは 3 水準までとなる．これらのレベルごとの要素と可達行列より，隣接するレベル間の要素の関係を示す構造化行列が得られる．その結果は，表 6-10 に示したとおりである．

この構造化行列より階層構造が決まる．すなわち，図 6-3 に示したとおりとなる．

S_{ij}	1	2	3	4	5	6	7	8	9	10	11	12	13	14
1	1	0	0	0	0	0	0	0	0	0	0	0	0	0
2	1	1	0	0	0	0	0	0	0	0	0	0	0	0
3	1	0	1	0	0	0	0	0	0	0	0	0	0	0
4	1	0	0	1	0	0	0	0	0	0	0	0	0	0
5	0	1	0	0	1	0	0	0	0	0	0	0	0	0
6	0	1	0	0	0	1	0	0	0	0	0	0	0	0
7	0	1	0	0	0	0	1	0	0	0	0	0	0	0
8	0	1	0	0	0	0	0	1	0	0	0	0	0	0
9	0	0	1	0	0	0	0	0	1	0	0	0	0	0
10	0	0	1	0	0	0	0	0	0	1	0	0	0	0
11	0	0	1	0	0	0	0	0	0	0	1	0	0	0
12	0	0	1	0	0	0	0	0	0	0	0	1	0	0
13	0	0	0	1	0	0	0	0	0	0	0	0	1	0
14	0	0	0	1	0	0	0	0	0	0	0	0	0	1

表 6-10 構造化行列

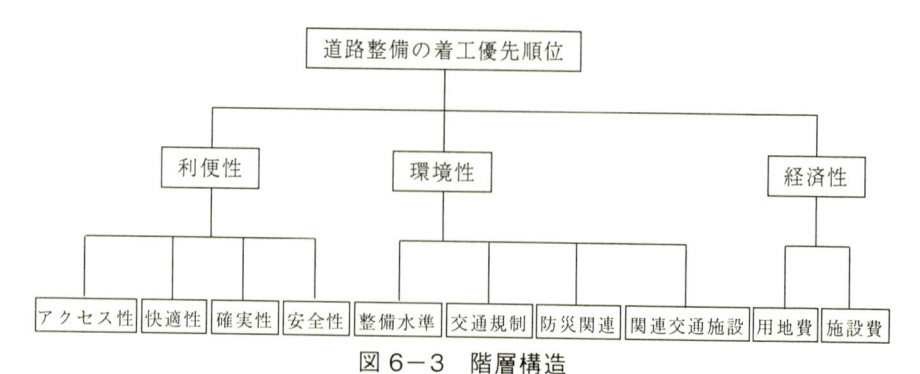

図 6-3 階層構造

Q18 DEMATEL

システム化のための意思決定モデルとして，システム工学における階層構造化手法の中に ISM と DEMATEL がある．ISM は前問等で紹介したとおりであるが，DEMATEL とはどのような手法であるのか？

A18
DEMATEL 法は，Decision Making Trial and Evaluation Laboratory の略で専門的知識をアンケートという手段により集約することによって問題の構造を明らかにするものであり，問題複合体の本質を明確にし，共通の理論を集める手法である．この手法は，スイスのバテル研究所が世界的複合問題（World Problem，南北問題，東西問題，資源・環境問題等）を分析するために開発したものである．内容的には前述した ISM 手法と類似している．

すなわち，システムが大きくなると，そのシステムを構成している各要素，およびそれらの結合状態を認識することが難しくなる．このような場合，各要素の関係を効率よく作成する手法が開発されている．これはシステムの構造解析あるいは構造化と呼ばれているが，この中に前問等で紹介した ISM と DEMATEL がある．ただし，DEMATEL が ISM と異なる点は，以下の2点である．

(1) 要素間のペア比較アンケートにおいて，ISM では1か0で答えているのに対して，DEMATEL では，0, 2, 4, 8（あるいは1, 2, 3, 4）といういくつかの段階で答えている．
(2) (1)のペア比較を行う際，ISM では人間とコンピュータが対話的（interactive）に進めていくが，DEMATEL では専門家へのアンケートにより処理する．
(3) ISM では，要素間の関係に推移性を仮定しているが，DEMATEL では，このような仮定は設けず，(1)で得られた行列（クロスサポート行列と呼ぶ）を処理して，システムの構造を表現している．

さて，この DEMATEL 法は，世界的複合問題のほか，環境アセスメント，都市再開発問題，学校における教科カリキュラムの編成，競技者ランキング

問題などに適用されている．

次に，DEMATEL 法の数学的背景と計算手順を説明する．まず，与えられた問題に対する要素をこの問題に関する専門家に抽出してもらう．そしてこの要素間のペア比較を行い，要素 i が要素 j にどれくらい直接影響（寄与）しているかを a_{ij} で表し，行列 A（クロスサポート行列）を作る．成分 a_{ij} は要素 i が要素 j に与える直接影響（寄与）の程度を示している．もちろん，これらのペア比較もこの問題の専門家にアンケートを行い作成するものであるが，専門家は次に示すような形容尺度に伴う数値により各影響（寄与）の程度 a_{ij} を評価する．

　　　非常に大きい直接影響（寄与）：8
　　　かなりの直接影響（寄与）：4
　　　ある程度の直接影響（寄与）：2
　　　無視しうる直接影響（寄与）：0

このほかにも尺度として，4，3，2，1 が用いられることがある．

ところで，行列 A は直接影響（寄与）のみを表しているので，各要素間の間接的影響（寄与）をも表現することを考える．そこで，まず行列 $A = [a_{ij}]$ から直接影響行列 D を次式により定義する（ただし，s は尺度因子といい，後で，詳しく説明する）．

$$D = s \cdot A \quad (s > 0) \qquad (6-5)$$

あるいは，

$$d_{ij} = s \cdot a_{ij}, \quad (s > 0) \qquad (6-6)$$
$$i, j = 1, 2, \cdots, n$$

すなわち，この行列は，各要素間の直接的な影響の強さを相対的に表示したものである．

次に，この行列 D の行和

$$d_{is} = \sum_{j=1}^{n} d_{ij} \qquad (6-7)$$

は，要素 i が他のすべての要素に与える尺度付けられた直接的影響の総計を示している．一方，行列 D の列和

$$d_{sj} = \sum_{i=1}^{n} d_{ij} \qquad (6-8)$$

は，要素 j が他のすべての要素から受ける取る尺度付けられた直接的影響の総計を示す．また，式 (6-7) と (6-8) の和すなわち，

$$d_i = d_{is} + d_{sj}$$

を要素 i の尺度付けられた直接的影響強度という．さらに次式で定義される $W_i(d)$ は，

$$W_i(d) = \frac{d_{is}}{\sum_{i=1}^{n} d_{is}} \qquad (6-10)$$

となり，要素 i の直接の影響を与える観点からの正規化された重みである．そして，

$$V_j(d) = \frac{d_{sj}}{\sum_{j=1}^{n} d_{sj}} \qquad (6-11)$$

は，要素 j の直接の影響を受ける観点からの正規化された重みである．

次に，D^2 の (i, j) 要素を $d_{ij}^{(2)}$ と書けば，

$$d_{ij}^{(2)} = \sum_{k=1}^{n} d_{ik} \cdot d_{kj} \qquad (6-12)$$

を得る．クロスサポート行列 A の各要素間において，推移関係が成立するので，2 段階による間接的な影響が 2 つの直接的な影響の積，すなわち，$d_{ik} \cdot d_{kj}$ により表せる．したがって，D^2 の要素 $d_{ij}^{(2)}$ は，要素 i から要素 j への他のすべての要素 $(k = 1, 2, \cdots, n)$ を通じての 2 段階による影響の程度を示している．同様にして，D^m の (i, j) 要素 $d_{ij}^{(m)}$ は，m 段階での要素 i から要素 j への間接的な影響の程度を示すことになる．したがって，

$$D + D^2 + \cdots + D^m = \sum_{i=1}^{m} D^i \qquad (6-13)$$

は，m 段階までの直接と間接の影響の総和を示す．そこで，各要素間の直接と間接の影響を測る全影響行列を F とすれば，$m \to \infty$ のとき $D^m \to 0$ となるならば，F は，

$$F = \sum_{i=1}^{\infty} D^i = D(I-D)^{-1} \qquad (6-14)$$

となる.ここで I は単位行列である.すなわち,全影響行列 F は,要素 i から要素 j への他のすべての要素を通じての直接と間接の影響すべての強さを表すものである.

次に示す行列 H

$$H = \sum_{i=2}^{\infty} D^i = D^2(I-D)^{-1} \qquad (6-15)$$

は式からも明らかなように,全影響行列 F から直接影響行列 D を取り除いて得られる要素間の間接的な影響の強さのみを表すものである.この行列を間接影響行列と呼ぶ.

行列 $F=[f_{ij}]$ と $H=[h_{ij}]$ の第 i 行の和

$$f_{is} = \sum_{j=1}^{n} f_{ij}, \quad h_{is} = \sum_{j=1}^{n} h_{ij} \qquad (6-16)$$

は,要素 i が他の要素に与える直接および間接影響の総計 (f_{is}) と間接影響の総計 (h_{is}) を示す.一方,行列 $F=[f_{ij}]$ と $H=[h_{ij}]$ の第 j 列の和

$$f_{sj} = \sum_{i=1}^{n} f_{ij}, \quad h_{sj} = \sum_{i=1}^{n} h_{ij} \qquad (6-17)$$

は,要素 j が他の要素から受け取る直接および間接影響の総計 (f_{sj}) と間接影響の総計 (h_{sj}) を示す.また,式 (6-16) と (6-17) の和,すなわち,

$$f_i = f_{is} + f_{sj}, \quad h_i = h_{is} + h_{sj} \qquad (6-18)$$

を要素 i の全影響強度 (f_i) と間接的影響強度 (h_i) という.さらに,次式で定義される $w_i(f)$, $w_i(h)$ は,

$$w_i(f) = \frac{f_{is}}{\sum_{i=1}^{n} f_{is}} \qquad (6-19)$$

$$w_i(h) = \frac{h_{is}}{\sum_{i=1}^{n} h_{is}} \qquad (6-20)$$

となり,それぞれ要素 i の直接および間接の影響を与える観点からの正規化された重み $w_i(f)$ と要素 i の間接の影響を与える観点からの正規化された重

み $w_i(h)$ を表す.

そして,
$$V_j(f) = \frac{f_{sj}}{\sum_{j=1}^{n} f_{sj}} \tag{6-21}$$

$$V_j(h) = \frac{h_{sj}}{\sum_{j=1}^{n} h_{sj}} \tag{6-22}$$

は, それぞれ要素 j の直接および間接の影響を受ける観点からの正規化された重み $V_j(f)$ と要素 j の間接の影響を受ける観点からの正規化された重み $V_j(h)$ を表す.

次に, 尺度因子 s について考えることにする. 先に述べた $m \to \infty$ のとき, $D^m \to 0$ になるという仮定は,「間接的影響は因果の連鎖が長くなるにつれて減少していく」という経験的事実による. この仮定は行列 D の尺度因子 s をどのように選ぶかということに関する情報を与える.

ところで, 行列理論の定理によれば, 行列 D のスペクトル半径 $\rho(D)$ が 1 より小さいとき, 式 (6-14) に示した級数 $F = \sum_{i=1}^{\infty} D_i$ は $D(I-D)^{-1}$ に収束することがわかっている. また, $\rho(D)$ の上限は次式より簡単に与えられる.

$$\begin{aligned}\rho(D) &\leq \max_{1 \leq i \leq n} \sum_{j=1}^{n} |d_{ij}| \\ &= s \cdot \max \sum_{j=1}^{n} |a_{ij}|\end{aligned} \tag{6-23}$$

または,

$$\begin{aligned}\rho(D) &\leq \max_{1 \leq j \leq n} \sum_{i=1}^{n} |d_{ij}| \\ &= s \cdot \max_{1 \leq j \leq n} \sum_{i=1}^{n} |a_{ij}|\end{aligned} \tag{6-24}$$

となる.

これから, 級数 F が収束するためには, 尺度因子 s が
$$0 < s < \sup \tag{6-25}$$
の区間で与えられることが条件になる. ただし, sup は,

$$\sup = \frac{1}{\max_{1 \leq i \leq n} \sum_{j=1}^{n} |a_{ij}|} \quad (6-26)$$

または,

$$\sup = \frac{1}{\max_{1 \leq j \leq n} \sum_{i=1}^{n} |a_{ij}|} \quad (6-27)$$

で与えられる．ここで, s の値を変化させることにより，推移性の程度や間接的影響の程度を制御することができる．もし, s を小さく選べば，間接的影響に比べて相対的に低くなる．通常，尺度因子 s は，式 (6-27) で与えられる上限 sup か，この 1/2，3/4 を与える．

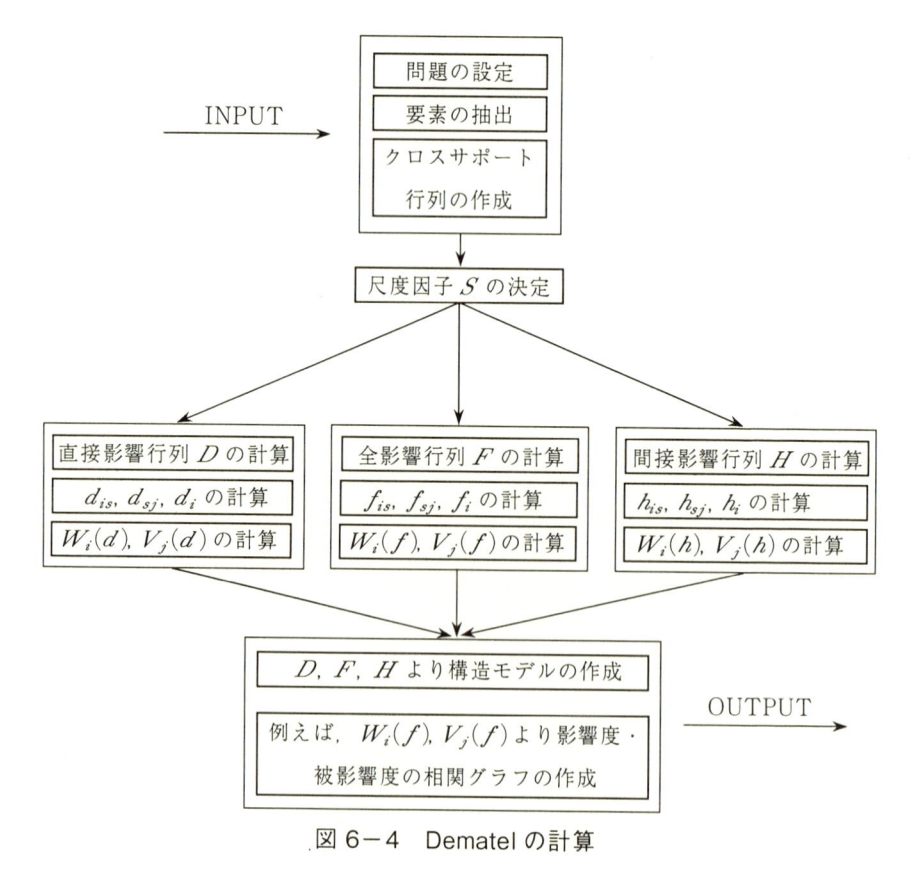

```
         ┌─────────────────┐
         │   問題の設定    │
 INPUT → │   要素の抽出    │
         │  クロスサポート │
         │   行列の作成    │
         └────────┬────────┘
                  ↓
         ┌─────────────────┐
         │ 尺度因子 S の決定│
         └────────┬────────┘
          ┌───────┼───────┐
          ↓       ↓       ↓
┌──────────────┐ ┌──────────────┐ ┌──────────────┐
│直接影響行列 D │ │全影響行列 F  │ │間接影響行列 H│
│ の計算       │ │ の計算       │ │ の計算       │
│$d_{is},d_{sj},d_i$ の計算│ │$f_{is},f_{sj},f_i$ の計算│ │$h_{is},h_{sj},h_i$ の計算│
│$W_i(d),V_j(d)$ の計算│ │$W_i(f),V_j(f)$ の計算│ │$W_i(h),V_j(h)$ の計算│
└──────┬───────┘ └──────┬───────┘ └──────┬───────┘
       └────────────────┼────────────────┘
                        ↓
         ┌──────────────────────────────┐
         │ $D,F,H$ より構造モデルの作成 │
         │ 例えば，$W_i(f),V_j(f)$ より  │ → OUTPUT
         │ 影響度・被影響度の相関グラフ │
         │ の作成                       │
         └──────────────────────────────┘
```

図 6-4　Dematel の計算

DEMATEL の計算手順を図にすると，図 6-4 に示すようになる．出力として，直接影響行列 D，全影響行列 F，間接影響行列 H より，要素 i から j の影響度をあるしきい値で切り，それより強い影響のあるものだけを関係ありとし，3 種類の構造化グラフ（直接影響，全影響，間接影響）が作成される．さらに，例えば，要素 i の直接および間接の影響を与える観点からの正規化された重み $w_i(f)$ と要素 j の直接および間接の影響を受ける観点からの正規化された重み $V_j(f)$ の相関グラフが作成される．この場合，このグラフは縦軸に w_i （影響度），横軸に V_j （被影響度）として表示される．

第7章 社会的意思決定論

Q19　DEMATELによる社会的意思決定

　21世紀になり，米国での9・11テロを皮切りに，北朝鮮問題，イラク戦争と地球規模での危機が充満している．しかも，中東問題（イスラエル問題）は一触即発危機にあり，核の脅威は未だに存在し，地球環境の悪化は日増しにエスカレートしているようである．

　そこで，このような地球の危機，人類の危機に対する問題の構造解析を，DEMATELを用いて行うことにする．さて，どのようにすればよいのであろうか？

A19

　まず，このテーマに関する問題項目を抽出する．それらは，次の10項目である．すなわち，核戦争，オゾン層の破壊，食料不足，人口問題，人類の軽薄化，地球の汚染，資源問題，政治の腐敗，疫病，犯罪の増加である．

　次に，これら10項目間のクロスサポート行列を作成した．すなわち，i番目の項目がj番目の項目にどれくらい直接影響を与えているかの調査である．その結果は，表7-1に示すとおりである．ただし，これら10項目の抽出や，各項目間のクロスサポート行列の値は，著者が適当に作ったものであり，特に意味のある数字ではない．

	1	2	3	4	5	6	7	8	9	10
1. 核戦争	0	0	8	0	0	8	4	4	4	2
2. オゾン層の破壊	0	0	0	0	0	8	0	0	2	0
3. 食糧不足	0	0	0	0	0	0	0	2	2	4
4. 人口問題	0	0	4	0	0	2	4	0	0	2
5. 人類の軽薄化	0	2	2	2	2	2	2	4	4	4
6. 地球の汚染	0	0	4	0	0	0	0	0	4	0
7. 資源問題	4	0	2	0	0	2	0	4	0	0
8. 政治腐敗	2	0	2	0	0	2	0	0	0	4
9. 疫病	0	0	0	0	0	0	0	0	0	2
10. 犯罪の増加	0	0	0	0	4	0	0	2	0	0

表7-1　クロスサポート行列

さて，表7-1に示したクロスサポート行列の値より計算した上限のsupは，0.04167である．そこで，この例における尺度因子sには，この値（0.0417）を採用することにする．その結果，直接影響行列D，全影響行列F，間接影響行列Hは，それぞれ表7-2，表7-3，表7-4に示すようになった．これら3つの行列より，3種類の構造化グラフを作成する．その際，しきい値は，直接影響行列（$p=0.12$），全影響行列（$p=0.2$），間接影響行列（$p=0.08$）とする．すなわち，しきい値以上の影響度のある(i, j)要素のみを関係ありとする構造化グラフを作成した．それらは，図7-1（直接影響行列），図7-2（全影響行列），図7-3（間接影響行列）に示すとおりである．

	1	2	3	4	5	6	7	8	9	10
1	0.000	0.000	0.333	0.000	0.000	0.333	0.167	0.167	0.167	0.083
2	0.000	0.000	0.000	0.000	0.000	0.333	0.000	0.000	0.083	0.000
3	0.000	0.000	0.000	0.000	0.000	0.000	0.000	0.083	0.083	0.167
4	0.000	0.000	0.167	0.000	0.000	0.083	0.167	0.000	0.000	0.083
5	0.000	0.083	0.083	0.083	0.083	0.083	0.083	0.167	0.167	0.167
6	0.000	0.000	0.167	0.000	0.000	0.000	0.000	0.000	0.167	0.000
7	0.167	0.000	0.083	0.000	0.000	0.083	0.000	0.167	0.000	0.000

第7章 社会的意思決定論

8	0.083	0.000	0.083	0.000	0.000	0.083	0.000	0.000	0.000	0.167
9	0.0	0.0	0.0	0.0	0.0	0.0	0.0	0.0	0.0	0.083
10	0.0	0.0	0.0	0.0	0.167	0.0	0.0	0.083	0.0	0.0

表7－2 直接影響行列

	1	2	3	4	5	6	7	8	9	10
1	0.052	0.003	0.458	0.003	0.040	0.393	0.179	0.270	0.286	0.240
2	0.001	0.0	0.057	0.0	0.004	0.335	0.001	0.008	0.145	0.024
3	0.001	0.003	0.019	0.003	0.034	0.017	0.005	0.110	0.095	0.203
4	0.035	0.002	0.221	0.002	0.024	0.118	0.175	0.069	0.048	0.143
5	0.041	0.094	0.184	0.094	0.132	0.178	0.117	0.255	0.248	0.294
6	0.002	0.001	0.17	0.001	0.008	0.003	0.001	0.02	0.183	0.049
7	0.192	0.001	0.199	0.001	0.016	0.171	0.034	0.232	0.08	0.097
8	0.091	0.003	0.144	0.003	0.036	0.124	0.019	0.054	0.054	0.218
9	0.001	0.001	0.003	0.001	0.015	0.003	0.002	0.011	0.004	0.089
10	0.014	0.015	0.040	0.015	0.177	0.038	0.02	0.127	0.043	0.064

表7－3 全影響行列

	1	2	3	4	5	6	7	8	9	10
1	0.052	0.003	0.142	0.003	0.04	0.06	0.013	0.103	0.119	0.156
2	0.001	0.0	0.057	0.0	0.004	0.001	0.001	0.008	0.061	0.024
3	0.001	0.003	0.019	0.003	0.034	0.017	0.005	0.027	0.012	0.036
4	0.035	0.002	0.054	0.002	0.023	0.035	0.008	0.069	0.048	0.059
5	0.041	0.012	0.102	0.012	0.056	0.096	0.034	0.09	0.083	0.129
6	0.002	0.001	0.004	0.001	0.008	0.003	0.001	0.02	0.016	0.049
7	0.025	0.001	0.116	0.001	0.016	0.088	0.034	0.065	0.08	0.097
8	0.008	0.003	0.061	0.003	0.036	0.041	0.019	0.055	0.054	0.051
9	0.001	0.011	0.004	0.001	0.015	0.003	0.002	0.011	0.004	0.005
10	0.014	0.016	0.043	0.016	0.025	0.04	0.021	0.047	0.046	0.067

表7－4 間接影響行列

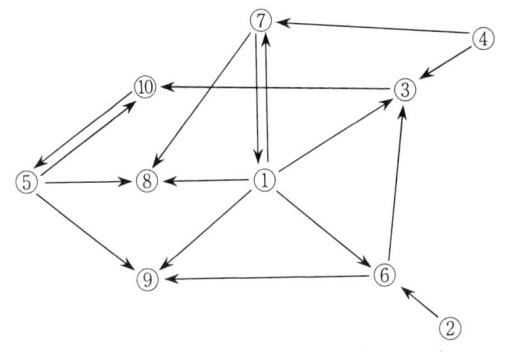

図 7−1　直接影響行列 D の構造化グラフ（p=0.120）

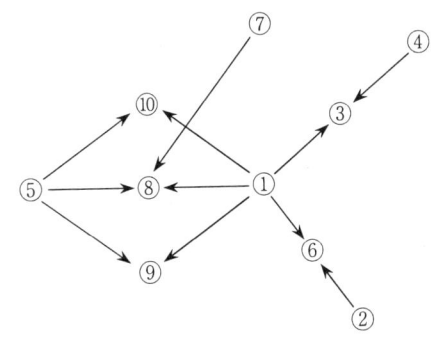

図 7−2　全影響行列 F の構造化グラフ（p=0.2）

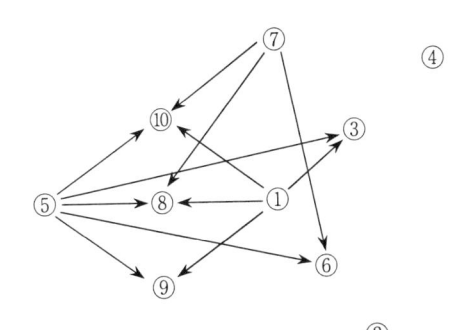

図 7−3　間接影響行列 H の構造グラフ（p=0.08）

次に，項目 i の直接および間接の影響（全影響）を与える観点からの正規化された重み $W_i(f)$ と要素 j の直接および間接の影響（全影響）を受ける観点からの正規化された重み $V_j(f)$ の相関グラフを作成した．その結果は図7-4に示したとおりである．このグラフより，項目9である疫病は，他の項目

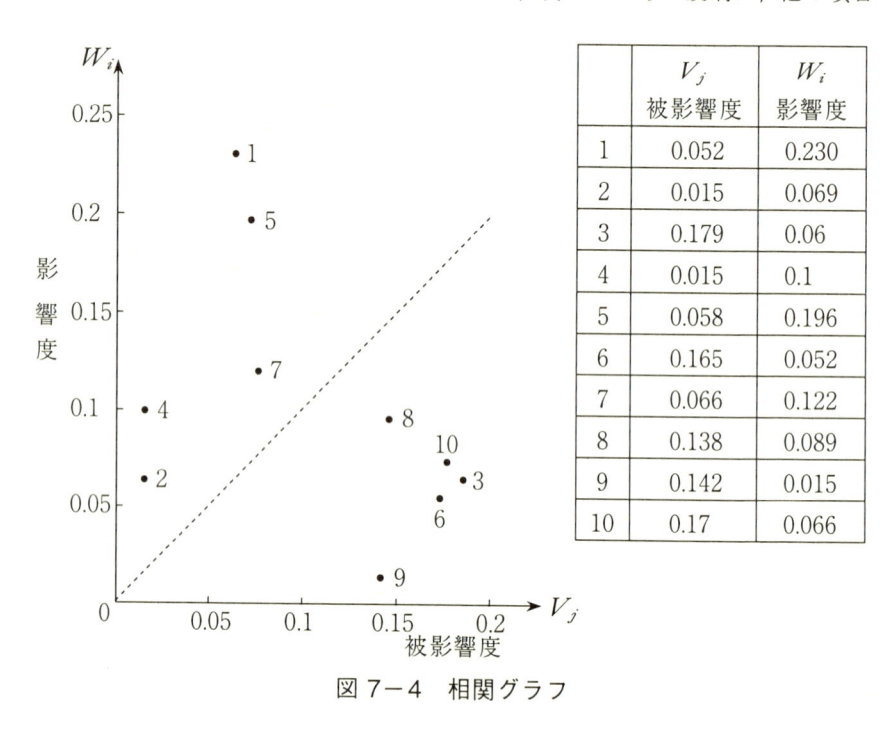

	V_j 被影響度	W_i 影響度
1	0.052	0.230
2	0.015	0.069
3	0.179	0.06
4	0.015	0.1
5	0.058	0.196
6	0.165	0.052
7	0.066	0.122
8	0.138	0.089
9	0.142	0.015
10	0.17	0.066

図7-4　相関グラフ

からの影響を強く受けながらも，他の項目にあまり影響を与えていないことが視覚的にとらえられる．これとは対照的に項目1である核戦争は他の項目に多大な影響を与えているが，他の項目からあまり影響を受けていないことがわかる．また，これら10項目を比較的影響度の強いグループと被影響度の強いグループに分けると，前者のグループに項目1（核戦争），項目2（オゾン層の破壊），項目4（人口問題），項目5（人類の軽薄化），項目7（資源問題）が入り，後者のグループに，項目3（食料不足），項目6（地球の汚染），項目8（政治の腐敗），項目9（疫病），項目10（犯罪の増加）が入ることがわかる．

Q20 順位法による社会的意思決定

　ある東方の小さな国で,「バブル崩壊」による不況に見舞われ「聖域なき構造改革」が断行された. しかし, この政策が実行されればされるほど, この国の経済は, 悪くなる一方であった. 原因ははっきりわかっていたが（数少ない賢明なエコノミストだけが理解していたが）, 多くの賢明でないマスコミのため, 真実の政策を実行することができなかった. そこで, 賢明なる時の総理大臣は, 経済担当大臣を民間のエコノミストから選ぶことにした. 候補者のエコノミスト5人（A氏, B氏, C氏, D氏, E氏）は予選を勝ち抜いてきた精鋭であるが, 決選は, 50人の審査員による投票で決めることにした.

　しかし, 1つ問題があった. 例えば, 投票結果が大方の予想通りである場合もあるが, 予想が外れて, 意外な結果を示すことも少なくない. その場合, 投票者自身が予想と異なる投票を行ったために結果が違って出たというケースもあるだろうが, 各投票者はだいたい予想通りの行動をしたにもかかわらず, その集計の仕方によって, 何とも奇異な結果となることもある. それらは, 多数決原理の矛盾・単記投票方式の矛盾・上位2者の決選投票の功罪である. さてこのような場合はどのようにすればよいのであろうか？

A20

　そこで, この国では, 審査員による順位法によって決めることにした. 順位法とはいくつかの対象を同時に提示し, それらの対象を例えば好ましさの順に順位を付けてもらうという方法である. この場合, 各審査員が5人の候補者5人の優秀度をチェックし, 順位Ⅰから順位Ⅴまで序列化することになる.

　さっそくこの方法で「次期経済担当大臣」の審査を実施した. その結果は, 表7-5に示すとおりである. この順位法によって示されたデータの最も簡便な集計法は, 各順位を等間隔と仮定する方法である. すなわち, 順位Ⅰに5点, Ⅱに4点, Ⅲに3点, Ⅳに2点, Ⅴに1点を与え, 各候補者の加重平均を求める方法である. この例の場合, B氏の加重平均が3.5と第1位になる. したがって, この方法によると,「B氏」が「次期経済担当大臣」に選ばれるのである.

順位	点数	A	B	C	D	E	計
I	5	15	20	5	7	3	50
II	4	8	10	5	15	12	50
III	3	10	5	10	10	15	50
IV	2	10	5	12	12	11	50
V	1	7	10	18	6	9	50
計		50	50	50	50	50	
重み付き計		164	175	117	155	139	
平均		3.28	3.5	2.34	3.1	2.78	

表7-5

　さて，この順位法において，各順位を等間隔であると仮定している．しかし，一般的な順位付けの場合，最上位や最下位は決めやすいが，真ん中付近の順位は決めにくい場合が多い．このような場合に，境界の決め方として，以下に示すような考え方がある．

　つまり，各順位は，標準正規分布の面積を等しく分割するように存在すると仮定する．そして，各順位の重みをそれぞれの順位が占める面積を2等分する位置に定める．この考え方を図7-5に示す．ここでの例は，対象数（候補者）が5個あり，標準正規分布は5等分されており，それぞれの順位の面積は0.2となる．したがって，

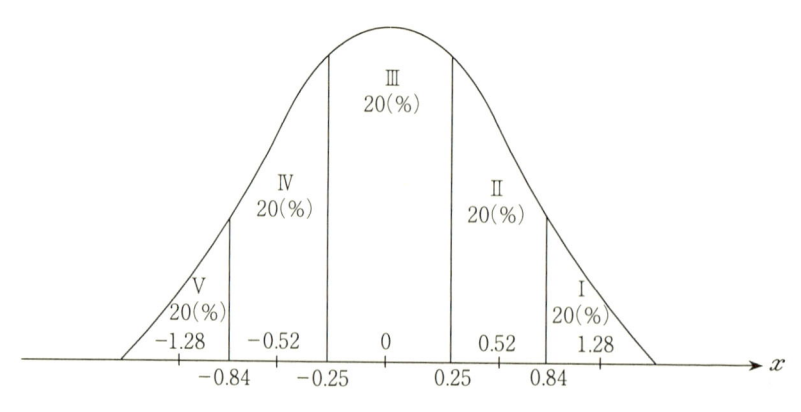

図7-5 標準正規分布

$$\varphi(x) = \frac{1}{\sqrt{2\pi}} \int_{-\infty}^{x} -e^{\frac{t^2}{2}} dt \qquad (7-1)$$

とすれば，正規分布表から，

$$\left.\begin{array}{ll} \varphi(x)=0.2 \text{ のとき} & x=-0.84 \\ \varphi(x)=0.4 \text{ のとき} & x=-0.25 \\ \varphi(x)=0.6 \text{ のとき} & x=0.25 \\ \varphi(x)=0.8 \text{ のとき} & x=0.84 \end{array}\right\} \qquad (7-2)$$

となる．ただし，各順位の重みは，各順位の占める面積が0.2であるから，次のようにして求める．

$$\left.\begin{array}{ll} \varphi(x)=0.1 \text{ のとき} & x=-1.28 \\ \varphi(x)=0.3 \text{ のとき} & x=-0.52 \\ \varphi(x)=0.5 \text{ のとき} & x=0 \\ \varphi(x)=0.7 \text{ のとき} & x=0.52 \\ \varphi(x)=0.9 \text{ のとき} & x=1.28 \end{array}\right\} \qquad (7-3)$$

式 (7-3) は，そのままでは使いづらいので，以下のように変換して使う．

$$Y = 10x + 50 \qquad (7-4)$$

以上の結果をまとめると，表7-6に示すようになる．さらに，この方法によって計算した各候補者の評価値を表7-7に示す．

次に，表7-5と表7-7の結果を比べるために，それぞれの評価値を以下に示すように変換する．

$$\frac{各候補者の評価値 - C氏の評価値}{B氏の評価値 - C氏の評価値} \qquad (7-5)$$

式 (7-5) によって計算した結果を表7-8に示す．

順位	各順位の範囲	範囲の上下限の平均値	平均値の正規分布における横座標	式 (7-4) の結果
I	80～100%	90%	1.28	62.8
II	60～80	70	0.52	55.2
III	40～60	50	0	50.0
IV	20～40	30	-0.52	44.8
V	0～20	10	-1.28	37.2

表7-6

順位	重み	A	B	C	D	E	計
I	62.8	15	20	5	7	3	50
II	55.2	8	10	5	15	12	50
III	50.0	10	5	10	10	15	50
IV	44.8	10	5	12	12	11	50
V	37.2	7	10	18	6	9	50
計		50	50	50	50	50	
重み付き計		2592	2654	2297.2	2528.4	2428.4	
平均		51.8	53.1	45.9	50.6	48.6	

表7-7

各候補者	表7-5のデータ	表7-7のデータ
A	0.81	0.82
B	1.0	1.0
C	0	0
D	0.66	0.65
E	0.38	0.38

表7-8

なお，この計算は表7-5と表7-7の評価値をそれぞれデータとした．この結果，これら2つの方法は，かなり一致していることがわかる．

Q21 一対比較法による社会的意思決定

ある日本の石油会社で，重要な会議が行われていた．というのは，最近，米国がアラブの石油国イラクと戦争状態に入ったからである．イラクは，世界第2位の石油埋蔵量を誇り，有力な産油国でもあり，この日本の石油会社の有力な取り付け先であった．他の石油会社はともかく，この会社は，なんと全体の40%をイラクに依存している．

おりしも，世界の石油価格は高騰し，第4次石油ショックの様子を呈してきた．この緊張は，株価にも影響し，週末に大暴落を演じた．歴史に残るブラック・フライデーである．

このような大混乱の中，この石油会社がどのような戦略シナリオを描けば

よいかを意思決定しなければならなくなった．会議は，会長，社長以下10名の重役で進められている．みな，真剣な顔つきで議論をしている．

さて，かなり時間が経過した後，10名の意見は，だいたい次に示す3つのシナリオに絞られてきた．

シナリオA

イラクに代わり，同じアラブの国，イランやサウジアラビヤに石油の増産を依頼する．

シナリオB

アラブは，危険が多いということで，南米の石油産国ペルーやベネゼエラに石油の増産を依頼する．

シナリオC

石油の40％減で仕方がない．他のアパレル産業やレジャー産業に方向転換する．

さて，以上，3つのシナリオ（A，B，C）の優先順位をつけるべく，10名のメンバーに優先順位を聞いた．その結果は，表7-9の通りである．また表7-10は表7-9の結果をまとめたものである．表7-10においては，例えば，順列①すなわちABCは，Aのシナリオが最も好ましく，Bのシナリオがそれに次ぎ，Cのシナリオが最も好ましくないということを表している．

重役No	順位付け
1	A B C
2	B C A
3	A C B
4	B A C
5	A B C
6	C A B
7	B A C
8	A C B
9	C B A
10	C A B

表7-9　3つのシナリオの順位付け

順列			人数
① A	B	C	2
② A	C	B	2
③ B	A	C	2
④ B	C	A	1
⑤ C	A	B	2
⑥ C	B	A	1

表7-10　3つのシナリオの順位付け

さて，重役会議の意見がこのように集計されたとすると，この会社はどのようなシナリオに決定すればよいのであろうか？

A21　本例は，順位法で各重役に意見を聞いているが，前問の時とは異なり，一対比較法で各シナリオの評価を行っている．

さて，表7-10において，$A>B$（Aのシナリオの方がBのシナリオより好ましい）という反応を考えてみると，順列①②⑤がその条件を満たしていることがわかる．したがって，AのシナリオがBのシナリオより好まれる比率$P(A>B)$は，次のようになる．

$$P(A>B) = \frac{6}{10}$$

同じように，$A>C$という反応を考慮すると，順列①②③がその条件を満たしている．したがって，$P(A>C)$は，次のようになる．

$$P(A>C) = \frac{6}{10}$$

その他の$P(X_i>X_j)$も同時に求められる．それらの結果は，表7-11に示すとおりである．

ところで，Thurstoneは，対象X_iの好ましさを選好尺度上における確率変数x_iと考え，x_iは平均μ_i，分散σ_i^2の正規分布するものと仮定した．

また，X_iの選好尺度値$f(X_i)$は，x_iの期待値のμ_iと定義した．

すなわち，

X_i \ X_j	A	B	C
A	$\frac{5}{10}$	$\frac{6}{10}$	$\frac{6}{10}$
B	$\frac{4}{10}$	$\frac{5}{10}$	$\frac{5}{10}$
C	$\frac{4}{10}$	$\frac{5}{10}$	$\frac{5}{10}$

表7-11　$P(X_i>X_j)$の表

(a)の図: $-z_{ij}$

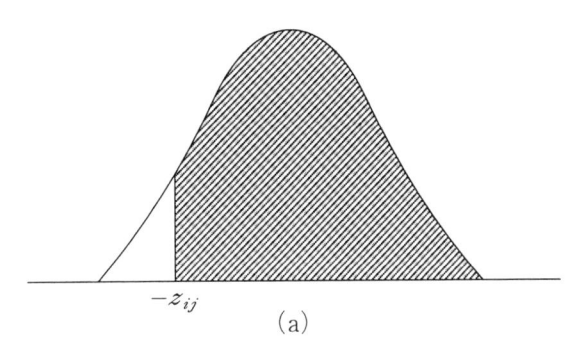

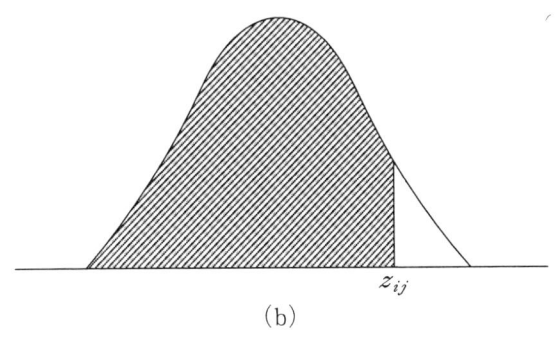

(b)の図: z_{ij}

斜線の面積 = $P(X_i > X_j)$

(a)が式(7.7), (b)が(7.8)を表す.

図(7.6)　$P(X_i > X_j)$ と z_{ij} の関係

$$f(X_i) = \mu_i \tag{7-6}$$

である. したがって,

$$P(X_i > X_j)$$
$$= \frac{1}{\sqrt{2\pi}} \int_{-z_{ij}}^{\infty} e^{-\frac{t^2}{2}} dt \tag{7-7}$$
$$= \frac{1}{\sqrt{2\pi}} \int_{-\infty}^{z_{ij}} e^{-\frac{t^2}{2}} dt \tag{7-8}$$

となる (図7-6参照).

ところで,

$$\varphi(z) = \frac{1}{\sqrt{2\pi}} \int_{-\infty}^{z} e^{-\frac{t^2}{2}} dt \tag{7-9}$$

とおけば,式 (7-7) より,

$$P(X_i > X_j) = \varphi(z) \tag{7-10}$$

となる.

次に,式 (7-10) によって $P(X_i > X_j)$ を z_{ij} に変換した結果を表 7-12 に示す.この変換は正規分布表を用いて行う.

この結果,$f(X_i)$ を求めることができた.すなわち

$f(A) = 0.25$
$f(B) = 0.0$
$f(C) = 0.0$

となり,シナリオ A が最適なシナリオであることがわかる.ただし,最終的な $f(X_i)$ は,
$f(B) = f(C) = 0$ になるように変換した.

X_i \ X_j	A	B	C	計	平均	$f(X_i)$
A	0.0	0.25	0.25	0.5	0.167	0.25
B	-0.25	0.0	0.0	-0.25	-0.083	0.0
C	-0.25	0.0	0.0	-0.25	-0.083	0.0

表 7-12 $P(X_i > X_j) = \varphi(z_{ij})$ であるような z_{ij} の表

第8章 スケジューリングによる意思決定

Q22 PERTとは

　ある劇団から舞台作品の完成までのスケジュールについて相談を受けた．ところで，この劇団，即興の寸劇が得意で，作品の企画から舞台の初日までが1〜2週間と早いことで有名である．また，エスプリのきいた前衛的笑いが若者にうけ，いまや売れっ子の劇団にのし上がっていた．さて，今回の，オー・ヘンリーの「20年後」という有名な作品をうまくアレンジして企画したいのであるが，作業の内容とスケジュールを整理してほしいとのことであった．さて，舞台作品の初日までの作業を整理すると，表8-1のようになる．このとき，たとえば舞台内容の修正追加の作業Gは，大道具の設置作業Dと本げいこの作業Fが終了しなければ始められない．一方，各作業の所要日数は，表8-2のようになる．さて，何日くらいで初日がむかえられ，日程はどのようになるか考えてみることにしよう．

作業	内容	先行作業
A	企画検討	なし
B	劇団の手配	A
C	予備けいこ	A
D	大道具の設置	B
E	小道具，衣装の準備	B
F	本げいこ	C
G	舞台内容の修正追加	D, F
H	本番リハーサル	E, G

表8-1　作業リスト

作業	所要日数
A	2
B	3
C	1
D	2
E	1
F	2
G	3
H	2

表8-2　各作業の所要日数

A22 このような企画をスムーズに遂行させるためには，合理的なプランニングを行い，スケジュールをうまく組まなくてはならない．このために，種々のネットワークによる計画手法が開発された．そこで，ここでは，PERT (Program Evaluation and Review Technigue) という手法でこの問題を考えてみよう．PERT は，米国海軍がポラリスミサイル建造のために開発した手法であり，作業の順序関係に注目し，クリティカルパスと呼ばれる一連の作業を中心に管理することによって，企画を予定期間内に完成させることを目指している．

PERT による作業は矢線図（アローダイヤグラム）により表現するのが普通である．すなわち，矢印（arrow）により各作業を表し，結合点（node）でその結合関係を表している（図8-1参照）．

このようにして，相談を受けた舞台の企画に関するアローダイヤグラムは図8-2のように描くことができる．

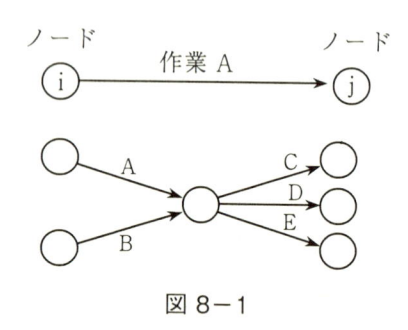

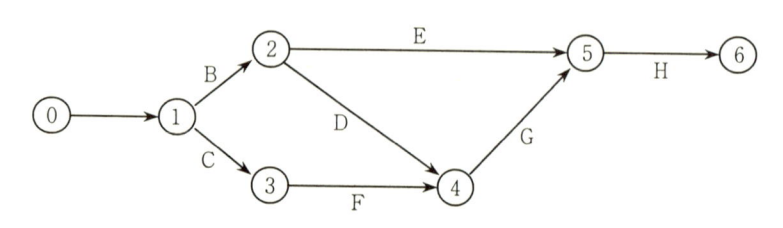

図8-1

図8-2 アローダイヤグラム

次に，このアローダイヤグラムの中でクリティカルパスを見つけなければならない．そのためには各結合点（ノード）の出発日である結合点日を計算する．この結合点日には，2つあり，1つは最早結合点日（earliest node time）であり，もう1つは，最遅結合点日（latest node time）である．

アローダイヤグラムにおいて，結合点 i を最も早く出発できる日をその結合点の最早結合点といい，TE_i で表すことにする．すなわち，

$$\left.\begin{array}{l} TE_0 = 0 \\ TE_i = \max[TE_k + d_{ki}] \\ TE_n = \alpha \text{（企画工程日数）} \\ (i = 1, 2, \cdots\cdots, n) \end{array}\right\} \quad (8-1)$$

となる．ただし，d_{ki} はノード k, i 間の作業日数を表す．

次に，企画工程日数（全作業終了までの日数）までに作業を完了するためには，最も遅くなったとしても各結合点をいつまでに完了すればよいかが重要である．この時刻を，結合点 j の最遅結合点日といい，TL_j で表すことにする．すなわち，

$$\left.\begin{array}{l} TL_n = \alpha \ (= TE_n) \\ TL_j = \min[TL_k - d_{jk}] \\ (j = n-1, n-2, \cdots\cdots, 0) \end{array}\right\} \quad (8-2)$$

となる．

次に相談を受けた例における最早結合点日と最遅結合点日を求める．そのために必要な各作業の所要日数は問題文にもあった表8-2を使う．

まず，最早結合点日を求める．そのために図8-3に示すように，各結合点（ノード）の近くに四角の枠を2つ重ねて用意する．この枠の上の段に最早結合点日を記入する．

まず，ノード0は舞台の企画の仕事のスタートであるから0を記入する．ノード1は，作業Aが終われば，次に作業B,Cを始めることができる．したがって，作業Aの所要日数

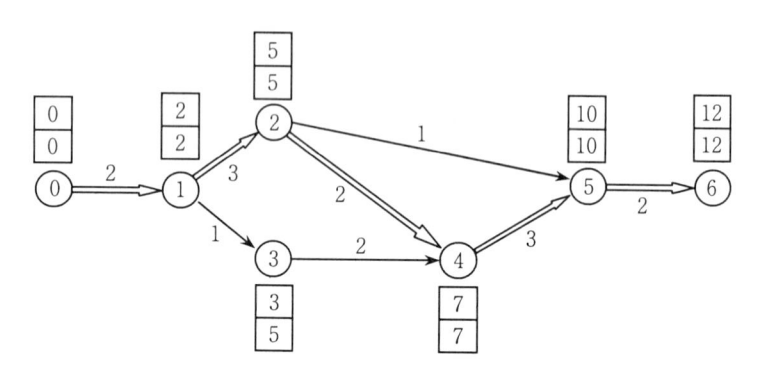

図8-3 結合点日の記入されたアローダイヤグラム

2を0に足した2を書き込む．同様にして，この値に作業Bの所要日数3を足した値5がノード2の最早結合点日である．ノード3の最早結合点日も同様に計算できる．ところが，ノード4（すなわち作業G）は作業D, Fが両方とも終わらなければ始められない．したがって，5+2=7と3+2=5の大きい方の値がノード4での最早結合点日となる．ノード5（すなわち作業H）は，ノード4と同じように，作業E, Gが両方とも終わらなければ始められない．したがって，5+1=6と7+3=10の大きい方の値10がノード5での最早結合点日となる．最後に，ノード6は，この値に作業Hの所要日数2を足した12となる．この値をそのまま下の段に移して，ノード6の最遅結合点日とする．ノード5, 4, 3の最遅結合点日は，前のノードの値から作業日数を引いた値，すなわち，10, 7, 3となる．ノード2については，10-1=9と7-2=5の小さい方の値5が最遅結合点日である．ノード1もノード2と同様にして，5-3=2と5-1=4の小さい方の値2が最遅結合点日となる．最後に，ノード0は0となる．

これらの結果は，図8-3に示したとおりである．ところで，各ノードの上下段の数が一致しているノードを結ぶと図8-3に示した太い線のパスができる．これがクリティカルパス（critical path）と呼ばれるものである．クリティカルパス上のどの作業を遅らせても，企画作業の工程日数がそれだけ延びることになる．すなわち，クリティカルパス上の各作業の所要日数の総計が

この企画作業の全工程日数となる．したがって，工程管理上からは，このクリティカルパス上の作業に最も注目する必要がある．一方クリティカルパス以外のパス上にある作業は日数に余裕があるので，作業が多少遅れても全体に影響を与えない場合がある．

このようなスケジューリング手法は，一般の研質開発プロジェクトの管理や，土木建築工事の工程管理に適用されている．

さて，この劇団は，スケジュールがうまく運び，オー・ヘンリーの「20年後」の舞台は，好評のうちに幕を閉じた．

Q23　PERT の応用例

図8-4に示したプロジェクトアローダイヤグラムに関して，前問と同じように各結合点の総合点時刻を計算し，クリティカル・パスを求めてみよう．また，各作業に関して，最早開始時刻 ES_{ij}，最早完了時刻 EF_{ij}，最遅完了時刻 LF_{ij}，最遅開始時刻 LS_{ij}，トータルフロート TF_{ij}，フリーフロート FF_{ij}，従属フロート DF_{ij}，独立フロート IF_{ij} をそれぞれ説明し，計算してみよう．ただし，各作業の所要時間は表8-3に示したとおりである．

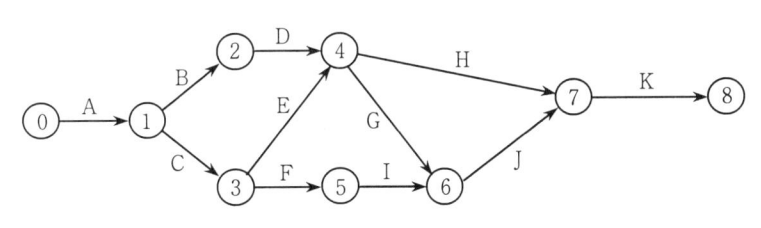

図8-4　アローダイヤグラム

作業	A	B	C	D	E	F	G	H	I	J	K
ノード	0,1	1,2	1,3	2,4	3,4	3,5	4,6	4,7	5,6	6,7	7,8
所要時間	1	3	5	2	4	1	3	2	5	6	1

表8-3　各作業の所要時間

A23 図8-4のアローダイヤグラムと表8-3の各作業の所要時間より，各結合点の総合点時刻（最早結合点時刻と最遅結合点時刻）を式(8-1)，(8-2)より計算し，図8-5に示した．ただし，上段が最早結合点時刻で下段が最遅結合点時刻である．

ところで，各結合点の上下段の数字が一致している結合点を結ぶと，図8-5に示した太い線のパスができる．これが，本例におけるクリティカル・パスである．

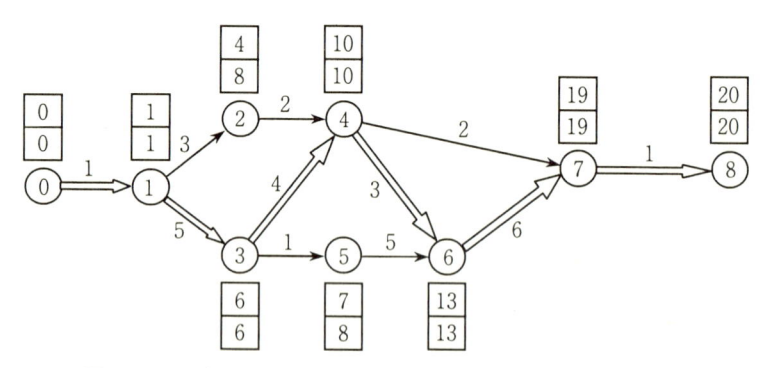

図8-5　結合時刻の記入されたアローダイヤグラム

次に，各作業における開始時刻，完了時刻 ES_{ij}, EF_{ij}, LS_{ij}, TF_{ij} をそれぞれ以下の式より計算する．

① 最早開始時刻 （earliest starting time）ES_{ij}

作業 (i, j) が最も早くから始められる時刻である．これは，結合点 i の最早結合点時刻 TE_i と一致する．

$$ES_{ij} = TE_i \qquad (8-3)$$

② 最早完了時刻（earliest finishing time）EF_{ij}

作業 (i, j) を最も早く終了できる時刻である．

$$EF_{ij} = ES_{ij} + d_{ij} = TE_i + d_{ij} \qquad (8-4)$$

③ 最遅完了時刻（latest finishing time）LF_{ij}

プロジェクトを工期で終了するために，作業 (i, j) を遅くとも終了しなければならないぎりぎりの時刻である．これは，結合点 j の最遅結合点時刻 TL_j と

一致する．
$$LF_{ij} = TL_j \tag{8-5}$$

④　最遅開始時刻（latest starting time）LS_{ij}

プロジェクトを工期で終了するために，作業(i, j)を遅くとも始めなければならないぎりぎりの時刻である．
$$LS_{ij} = LF_{ij} - d_{ij} = TL_j - d_{ij} \tag{8-6}$$

ところで，クリティカル・パス上にない作業は時間に余裕があるので，多少遅れても全体に影響を与えない場合があるが，この余裕の時間をこの作業の余裕時間という．次に，各作業の余裕時間を求める方法を紹介する．余裕時間は次に示す4つが考えられる．

①　トータルフロート（total float）TF_{ij}

ある作業(i, j)に関して
$$TF_{ij} = TL_j - TE_i - d_{ij} = LF_{ij} - EF_{ij} \tag{8-7}$$
を作業(i, j)のトータルフロートという．これは，作業(i, j)が，TF_{ij}の値だけ遅らせることができることを表している．

②　フリーフロート（free float）FF_{ij}

ある作業(i, j)に関して，
$$FF_{ij} = TE_{ij} - TE_i - d_{ij} = TE_j - EF_{ij} \tag{8-8}$$
を作業(i, j)のフリーフロートという．これは，結合点jから始まる後続の作業の最早開始時刻に影響を与えない範囲で，作業(i, j)を遅らせることができる時間を表している．

③　従属フロート（dependent float）DF_{ij}

ある作業(i, j)に関して，
$$DF_{ij} = TF_{ij} - FF_{ij} = TL_j - TE_j \tag{8-9}$$
を作業(i, j)の従属フロートという．これは，トータルフロートTF_{ij}とフリーフロートFF_{ij}との差である．

④　独立フロート（independent float）IF_{ij}

ある作業(i, j)に関して，
$$IF_{ij} = \max[TE_j - TL_i - d_{ij}, 0] \tag{8-10}$$

を作業(i, j)の独立フロートという.これは,この作業を最遅結合点時刻TL_iで始めて,なお後続作業の最早結合時刻TE_jに対して余裕があるとき,その余裕時間を表す.

次に,各作業における開始時刻,完了時刻ES_{ij}, EF_{ij}, LS_{ij}, TF_{ij}をそれぞれ,式(8-3)から(8-6)により計算した.また,各作業における余裕時間TF_{ij}, FF_{ij}, DF_{ij}, IF_{ij}をそれぞれ式(8-7)から(8-10)により計算した.以上の計算結果は表8-4に示すとおりである.また,クリティカル・パス上にある作業は,

$$TF_{ij} = FF_{ij} = DF_{ij} = IF_{ij} = 0$$

である.

作業	i	j	d_{ij}	ES_{ij}	EF_{ij}	LS_{ij}	LF_{ij}	TF_{ij}	FF_{ij}	DF_{ij}	IF_{ij}
A	0	1	1	0	1	0	1	0	0	0	0
B	1	2	3	1	4	5	8	4	0	4	0
C	1	3	5	1	6	1	6	0	0	0	0
D	2	4	2	4	6	8	10	4	4	0	0
E	3	4	4	6	10	6	10	0	0	0	0
F	3	5	1	6	7	7	8	1	0	1	0
G	4	6	3	10	13	10	13	0	0	0	0
H	4	7	2	10	12	17	19	7	7	0	7
I	5	6	5	7	12	8	13	1	1	0	0
J	6	7	6	13	19	13	19	0	0	0	0
K	7	8	1	19	20	19	20	0	0	0	0

表8-4 工程計画表

Q24 CPMとは

前問等でPERTにより,工程計画における所要時間の最適化を図った.ところで,本問で取り扱うCPM(Critical Path Method)は,クリティカル・

パスを求める点では PERT と同じ手法であるが、費用の最適化を図るという点で異なっている。この CPM 手法は、アメリカの化学メーカーであるデュポン社とコンピュータメーカーであるレミントン社の共同で開発されたものである。さて、この CPM とはどのような手法であるのか？

A24 さて、この CPM 手法では、ある決められたプロジェクト完了時間（工程時間）に対して、プロジェクト費用を最小にするような工程計画を求めたり、ある決められたプロジェクト費用に対して、プロジェクト完了期間（工程期間）を最小にするような工程計画を求めることが目的となる。ただし、各作業の所要費用は、その作業の所要費用の1次関数とする。

すなわち、仕事 (i, j) に要する所要費用は、標準時間 d_{ij} のときは、m_{ij}、特急時間 $d_{ij}{}^{*}$ のときは $m_{ij}{}^{*}$ である。もちろん、各作業の所要費用は、その作業の時間短縮により増加するが、その様子は、図8-6のように線形に変化すると仮定する。すなわち、費用勾配 C_{ij} は、

$$C_{ij} = \frac{m_{ij}{}^{*} - m_{ij}}{d_{ij} - d_{ij}{}^{*}} \tag{8-11}$$

と表される。

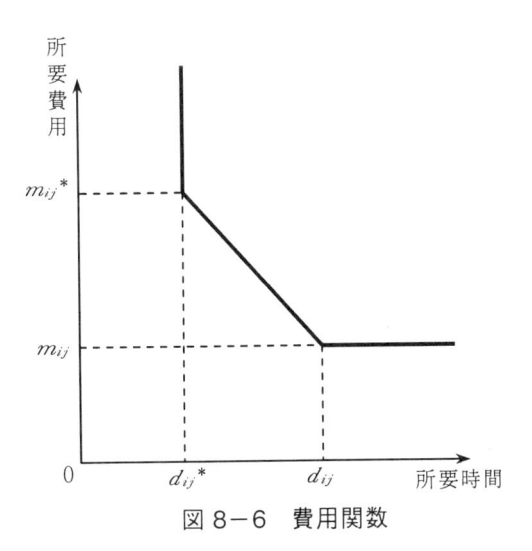

図8-6 費用関数

さて，前問 Q23 で使ったアローダイヤグラムを例にとり，CPM の内容を説明する．ところで，この例においては，クリティカル・パスに要する工程期間は 20 日であった．また，この例における各作業の所要時間と所要費用の諸量が表 8-5 に示すとおりとすると，総費用は 72 万円となる．

	作業	i	j	d_{ij}	m_{ij}	$d_{ij}{}^*$	$m_{ij}{}^*$
◎	A	0	1	1	1	0.5	3
	B	1	2	3	5	1	10
◎	C	1	3	5	10	3	15
	D	2	4	2	6	1	10
◎	E	3	4	4	12	3	18
	F	3	5	1	2	0.5	4
◎	G	4	6	3	4	1.5	8.5
	H	4	7	2	5	1	10
	I	5	6	5	13	2	25
◎	J	6	7	6	12	3	18
◎	K	7	8	1	2	0.5	4

表 8-5　所要時間（日）と所要費用（万円）

さて，ここで工期を短縮していくのであるが，工期はクリティカル・パス上の作業によって決まることは PERT の項で説明した．したがって，工期を短縮するには，クリティカル・パス上の作業を短縮する必要がある．クリティカル・パス上以外の作業に費用をかけても効果は期待できないのである．

一方，同じ費用をかけても，短縮時間は各作業ごとに異なる．すなわち，式 (8-11) に示した費用勾配は，その作業を 1 日短縮するのに必要な費用を表している．したがって，クリティカル・パスを短縮するときは，費用勾配の小さな作業から短縮するのが効率的である．

さて，この例におけるクリティカル・パス上の作業は，A, C, E, G, J, K（表 8-5 の左端に丸印を付けた）であり，これらの各作業の費用勾配 C_{ij} はそれ

それ次のようになる.

作業 A ………… $C_{11} = \dfrac{3-1}{1-0.5} = 4$

作業 C ………… $C_{13} = \dfrac{15-10}{5-3} = 2.5$

作業 E ………… $C_{34} = \dfrac{18-12}{4-3} = 6$

作業 G ………… $C_{46} = \dfrac{8.5-4}{3-1.5} = 3$

作業 J ………… $C_{67} = \dfrac{18-12}{6-3} = 2$

作業 K ………… $C_{78} = \dfrac{4-2}{1-0.5} = 4$

したがって，作業 J に特急費用を支払って所要時間を短縮するのがよい．この作業は，3日短縮でき，しかもクリティカル・パスは変わらない．したがって，作業 J に，18万円支払って，工期を3日短縮して17日にできる．そのときの総費用は，78万円である．

次に，作業 C に特急費用を支払って所要時間を短縮する．この作業は，2日短縮でき，しかもクリティカル・パスは変わらない．したがって，作業 C に15万円支払って，工期を2日短縮して15日にできる．そのときの総費用は，83万円である．

次に，作業 G に特急費用を支払って所要時間の短縮を考える．この作業は，1.5日短縮可能であるが，1.5日短縮すると，クリティカル・パスが 0→1→3→5→6→7→8 に変化する．したがって，作業 G に7万円支払って，工期を1日短縮して14日とする．そのときの総費用は，86万円である．

もし，作業 G をもっと短縮しようとすると，作業 F か作業 I も同時に短縮しないと，工期短縮にならない．したがって，この方法をとると，費用勾配は，$3+4=7$ となる．つまり，作業 A，作業 K，あるいは作業 E を短縮したほうがよいことになる．

以上，説明したように，逐次短縮することができるので，適当な工期に合わせて，仕事を急がせればよいのである．

さて，次にこのように，クリティカル・パスを求めることなく，アローダイヤグラムからすぐに総費用と工期との関係を示すことを考える．結合点 i

の結合点時刻を t_i, 作業 (i, j) の所要時間を y_{ij}, 費用勾配 c_{ij}, 全工期を α, 結合点の総数を $n+1$ 個 $(0, 1, \cdots, n)$, 作業の数を m 個, 作業 (i, j) の所要費用を z_{ij}, 総費用を z とすれば, CPM の問題は以下のように定式化される.

$$\left.\begin{array}{l} y_{ij} \leq t_j - t_i \\ y_{ij} \leq D_{ij} \\ -y_{ij} \leq -d_{ij} \\ -t_0 + t_n \leq \alpha \end{array}\right\} \quad (8-12)$$

式 (8-12) の制約条件の下で目標関数

$$z = \sum_m z_{ij} = \sum (-c_{ij} y_{ij} + k_{ij}) \to \min$$

を求めることになる.
ただし,

$$k_{ij} = \frac{m_{ij}{}^* d_{ij} - m_{ij} d_{ij}{}^*}{d_{ij} - d_{ij}{}^*} \quad (8-13)$$

である.

この問題は, 線形計画法の問題となる. また, α の種々の値に対してこの問題を解くと工期と総費用の関係が求めることができる (図 8-7 参照)

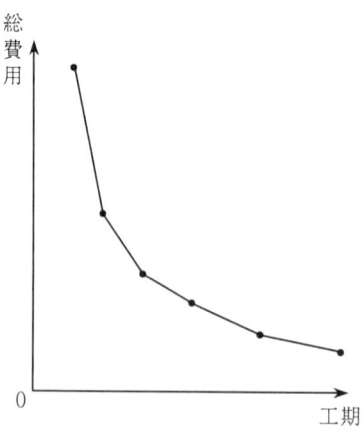

図 8-7 工期と総費用

第9章 ネットワーク理論による意思決定

Q25　オイラーの一筆書き

　私たち家族がある観光地にやってきたときのことである．この観光地は図9-1に示すような奇妙な街路になっていた．すなわち，A点からF点まで6つの交差点が存在し，おのおのの街路を形成していた．さて，この観光地を歩いて見物したいのだが，同じ道を2度通らずにすべての街路を見ようとした．このような順路はあるかな？

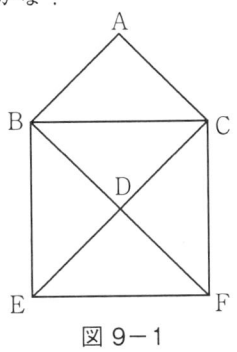

図9-1

　その後，この観光地の町庁で次のような質問を受けた．あるアンケートのため，この町のすべての家を訪問しなければならない．道の両側に家があり，歩道は左右2つある．右側の歩道を歩くときは右側の家のみ訪問するとして，すべての家を同じ歩道を2度通らずに訪問することができるか？さらにこのアンケートは学生アルバイトが行い，この町の地理には不案内とする．

A25　　1　一筆書きの問題

　まず，第一の問題は，一筆書きの問題である．これは，オイラーによって

解明されたのであるが，オイラーの道ともいわれる．
　すなわち，次のような場合に一筆書きが可能である．
(1) すべての交差点において，出ている道の数が偶数である場合
(2) 2つの交差点において，出ている道の数が奇数で，その他はすべて偶数の場合

(1)の場合は，どの交差点から出発してもよく，(2)の場合は，出ている道の数が奇数の交差点から出発し，もう一方の奇数の交差点に到着する．すなわち，この例の場合，以下のように考えることができる．

　この例では，交差点において出ている道の数が偶数である点は，A, B, C, Dの4つである．一方，出ている道の数が奇数である交差点は，E, Fの2つである．

　したがって，上述した場合(2)が適用できる．すなわち，点Eから出発して番号の順に進み，点Fに到着するのである．

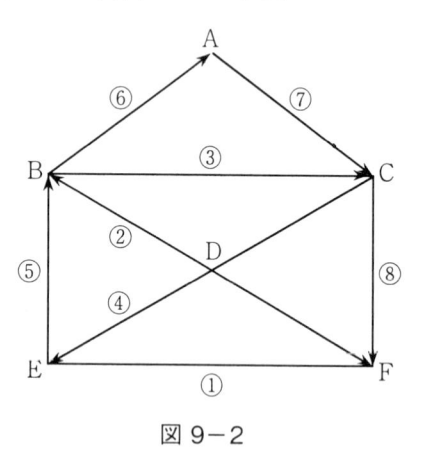

図9-2

　この様子は，図9-2に示したとおりである．このような一筆書きの問題は，先ほど述べたように，オイラーによって解き明かされた．オイラーは，ドイツのケーニヒスベルグの川にかかる7つの橋のおのおのを，ただ1回だけ渡るような道順は存在しないことを主張した．

　ここで，ケーニヒスベルグの橋の地図を図9-3に示す．わかりやすくする

図 9-3

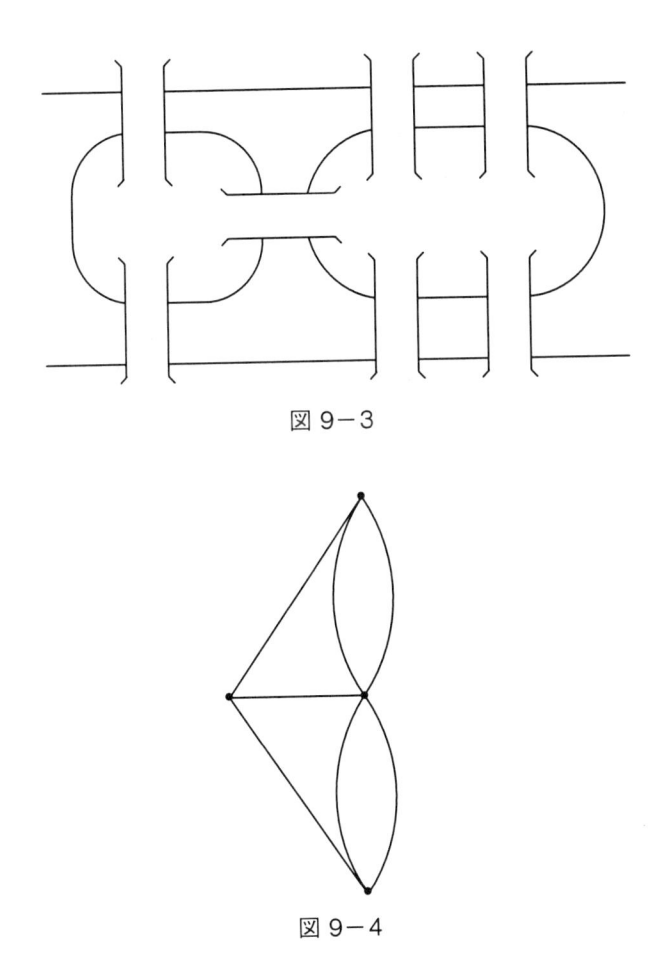

図 9-4

ため，そのグラフ表現は図9-4に示す．ただし，辺は橋を表し，頂点は，島と川の両岸を意味している．ケーニヒベルグの橋をただ1回だけ渡る道順を見つける問題は，図9-4において，ただ1回だけおのおのの辺をたどる道を見つけることと同じことである．そして，ケーニヒスベルグの人々がおそらく行ったと思われる試行錯誤的方法に代わり，オイラーはグラフを与えられたとき，おのおのの辺をただ1回ずつたどる道順（一筆書き）があるかどうかを判定する基準を見つけた．この基準が，先ほど紹介した場合(1)と場合(2)である．

また，オイラーは，「あるグラフが与えられたとき，おのおのの辺を1回ずつたどる道を，そのグラフのオイラー道」と定義した．さらに「与えられたグラフのおのおのの辺をただ1回づつたどり出発にもどるような閉路を，そのグラフのオイラー閉路」と定義した．

2 巡回セールスマンの問題

さて，後半の第2の問題は，巡回セールスマン問題である．これは，オイラーの一筆書き問題の応用である．地理に不案内でも，地図を持っていなくてもムダなく，街路を回れる方法である．セールスマン（この場合は，学生アルバイト）は，道の途中を通っているときは，家庭訪問に熱中し，交差点にきたときのみ，どの方向へ行くかだけを決めればよい．そのとき，この交差点の位置や道の状況は一切関係がない．大事なことは，この交差点をどのようにして以前通ったかだけを覚えていればよい．そのとき，交差点で次のように考える．

一つは，以前に通っていない道があれば，その道を進むことを考える．もう一つは，この交差点を通るどの道も以前に1回は通ったことがあるときは，残っている方向の中で，反対方向で最後に通った道を選択すればよい．

たとえば，図9-5を見ていただこう．ここの道順で⑩はD点からF点へ行っている．こんど，F点から行ける点は，C点，D点，E点である．ところが，F点からE点へはすでに⑤で行っている．したがって，F点から行ける点はC点かD点である．ところが，C点とD点へ行く反対方向の道は，C点から④で，D点からは⑩（すなわち，4番目と10番目に来ている）でF点に来ている．したがって，最後に通った道は10番目のD点である．次の11番目は，F点からD点へ⑪となる．

このように考えると，この例の問題は先ほどの図9-5に示すような道順になる．

図9−5

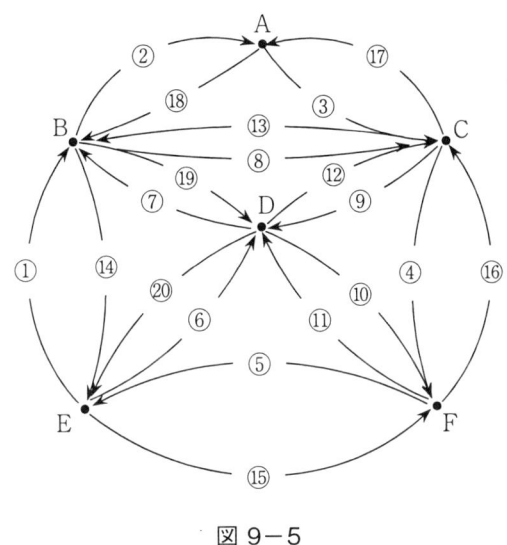

すなわち，E点から番号順に進み，再びE点に到着するのである．この巡回セールスマン問題は昔から大変関心をもたれてきたテーマであるが，この問題は最小の長さのハミルトン閉路を探す問題になっている．この場合，閉路の長さは閉路に含まれる各辺の長さの和である．

ここで，聞き慣れないハミルトン閉路について説明する．第1の問題で説明したオイラーの道または閉路によく似た問題に，「与えられたグラフの各頂点を1回だけ通過するような道または閉路を見つけ出す」問題がある．このグラフの各頂点を1回だけ通過する道（閉路）をハミルトン道（閉路）という．これは，ウイリアム・ハミルトンが，12面体の稜をたどり，すべての頂点をちょうど1回だけ通過する道順を決める「世界周遊ゲーム」からきている．

Q26 ANP

あるとき，某市役所の企画担当の方が相談きた．というのは，この地方の小さな都市に町のシンボルとなる建物を造る計画がもち上がったからである．

そして，このシンボルタワー（建物）をどのようなものにするべきか迷っていたからである．ところで，シンボルタワー（建物）としては，多目的ホール，博物館・美術館，野球場・球技場の3つである．そこで，あらゆる条件を考慮して最もよいシンボルタワー（建物）を選択したいというのである．そこで，私は，この分析をANP手法により行うことにした．さて，ANP手法とはどのようなものであるのでしょうか？

A26 　第5章で紹介したAHP手法をネットワークに拡張したモデルを，ANP（Analytic Network Process）といいます．このANP手法には大きく分けてフィードバック型（Feedback System）とシリーズ型（Series System）があります．ここでは，フィードバック型ANPについて計算法を紹介し，本問題を解決することにしましょう．（図9-6参照）ところで，この都市の「村おこし・町おこし」におけるシンボルタワー（建物）の選択を決定するための要因としては，「市民性」（市民にとっての利用価値，存在価値），「シンボル性」（話題になりやすさ，アピール度），「集客性」（どれだけ人を集められるか）の3つが選ばれた．しかし，よく考えてみると，これら3つの要因のウェイトは，総合目的から一意的に決まるものでなく，2つのシナリオ（S_1, S_2）

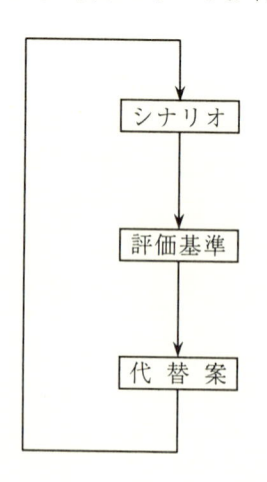

図9-6　フィードバックシステム

によって，それぞれ異なってくることがわかった．しかも，これら2つのシナリオのウェイトは，総合目的から一意的に決定されるものではなく，各代替案（シンボルタワー）ごとに決定され，それらが異なっている場合を想定する．

そこで，まず，各代替案からみたシナリオの重みをW_sとし，各シナリオからみた各評価基準の重みマトリックスをW_cとし，各評価基準からみた各代替案（シンボルタワー）の評価マトリックスをW_Aとする．そして，シナリオ，評価基準，代替案の関係を1つのマトリックスで表現する．このスーパーマトリックスを用いて，各代替案の総合評価値を求める．この場合のスーパーマトリックスは次のように表現できる．

$$W = \begin{array}{c}\text{シナリオ}\\\text{評価基準}\\\text{代替案}\end{array}\begin{array}{ccc}\text{シナリオ} & \text{評価基準} & \text{代替案}\\\left[\begin{array}{ccc}0 & 0 & W_S\\W_C & 0 & 0\\0 & W_A & 0\end{array}\right]\end{array} \quad (9-1)$$

ところで，このスーパーマトリックスの長さ2までのすべてのパスに沿った間接的な近似の和，すなわちW^2は，

$$W^2 = \begin{array}{c}\text{シナリオ}\\\text{評価基準}\\\text{代替案}\end{array}\begin{array}{ccc}\text{シナリオ} & \text{評価基準} & \text{代替案}\\\left[\begin{array}{ccc}0 & W_S \cdot W_A & 0\\0 & 0 & W_C \cdot W_S\\W_C \cdot W_A & 0 & 0\end{array}\right]\end{array} \quad (9-2)$$

となる．

同様にして，長さ3（省略），長さ4までのすべてのパスに沿った間接的な近似の和，すなわちW^3（省略），W^4は，

$$W^4 = \begin{array}{c}\text{シナリオ}\\\text{評価基準}\\\text{代替案}\end{array}\begin{array}{ccc}\text{シナリオ} & \text{評価基準} & \text{代替案}\\\left[\begin{array}{ccc}0 & 0 & W_S{}^2 \cdot W_A \cdot W_C\\W_C{}^2 \cdot W_S \cdot W_A & 0 & 0\\0 & W_A{}^2 \cdot W_C \cdot W_S & 0\end{array}\right]\end{array} \quad (9-3)$$

となる．

しかも，これらのゾーン毎（シナリオ，評価基準，代替案毎）の列ベクトルは同じ値に収束することがわかる．

したがって，W^{3n+1}の極限確率行列を計算すると，

$$\lim_{n\to\infty} W^{3n+1} = W^* \qquad (9-4)$$

となる．ただし，

$$W^* = \begin{array}{c} \\ \text{シナリオ} \\ \text{評価基準} \\ \text{代替案} \end{array} \begin{array}{c} \text{シナリオ} \quad \text{評価基準} \quad \text{代替案} \\ \begin{bmatrix} 0 & 0 & W_S^* \\ W_C^* & 0 & 0 \\ 0 & W_A^* & 0 \end{bmatrix} \end{array} \qquad (9-5)$$

となる．そして，最終的に各シナリオの重みは W_S^* であり，各評価基準の重みは W_C^* であり，各代替案の重みは W_A^* である．

以下，本問の例を ANP により分析する．

(1) 第 1 段階

シンボルタワー（建物）の選定に関する階層構造を図 9-7 に示す．

(2) 第 2 段階

次に，各レベルの重みを求める．まず，各代替案からみた 2 つのシナリオ (s_1, s_2) のペア比較は，表 9-1 に示すとおりである．そしてこれらのマトリックスの固有ベクトル（重み）はそれぞれ次のようになる．

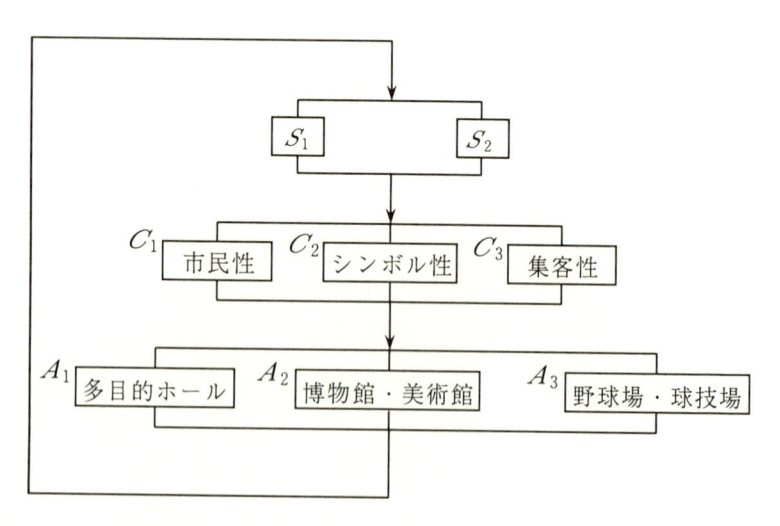

図 9-7 シボルタワーの選定に関する階層構造

(多目的ホール)

A_1	S_1	S_2
S_1	1	3
S_2	1/3	1

(博物館・美術館)

A_2	S_1	S_2
S_1	1	5
S_2	1/5	1

(野球場・球技場)

A_3	S_1	S_2
S_1	1	1/7
S_2	7	1

表 9−1

多目的ホール　$W_{S1}{}^T = (0.75, 0.25)$
博物館・美術館　$W_{S2}{}^T = (0.833, 0.167)$
野球場・球技場　$W_{S3}{}^T = (0.125, 0.875)$

つまり，多目的ホール，博物館・美術館は，シナリオ S_1 重視，野球場・球技場は，シナリオ S_2 重視となる．

また，
$$W_S = (W_{S1}, W_{S2}, W_{S3})$$
となる．

次に，シナリオ S_1，シナリオ S_2 からみた各評価基準のペア比較は，表 9−2 に示すとおりである．そして，これらのマトリックスの固有ベクトル（重み）はそれぞれ次のようになる．

シナリオ S_1　　$W_{C1}{}^T = (0.682, 0.216, 0.102)$
シナリオ S_2　　$W_{C2}{}^T = (0.143, 0.143, 0.714)$

つまり，S_1 は市民性重視のシナリオであり，S_2 は集客性重視のシナリオである．また，
$$W_C = (W_{C1}, W_{C2})$$
となる．

(シナリオ S_1)

S_1	C_1	C_2	C_3
C_1	1	3	7
C_2	1/3	1	2
C_3	1/7	1/2	1

(シナリオ S_2)

S_2	C_1	C_2	C_3
C_1	1	1	1/5
C_2	1	1	1/5
C_3	5	5	1

表 9−2

さらに，各評価基準からみた各代替案のペア比較は，表9-3に示すとおりである．そして，これらのマトリックスの固有ベクトル（重み）はそれぞれ次のようになる．

$$市民性 \quad W_{A1}^T = (0.784, 0.135, 0.081)$$
$$シンボル性 \quad W_{A2}^T = (0.117, 0.683, 0.200)$$
$$集客性 \quad W_{A3}^T = (0.084, 0.211, 0.705)$$

つまり，市民性に関しては，多目的ホールが最も評価が高く，シンボル性に関しては，博物館・美術館が最も評価が高く，集客性に関しては，野球場・球技場が最も評価が高いことがわかる．

（市民性）

C_1	A_1	A_2	A_3
A_1	1	7	8
A_2	1/7	1	2
A_3	1/8	1/2	1

（シンボル性）

C_2	A_1	A_2	A_3
A_1	1	1/5	1/2
A_2	5	1	4
A_3	2	1/4	1

（集客性）

C_3	A_1	A_2	A_3
A_1	1	1/3	1/7
A_2	3	1	1/4
A_3	7	4	1

表9-3

また，
$$W_A = (W_{A1}, W_{A2}, W_{A3})$$
となる．

(3) 第3段階

以上の結果，本問の例におけるスーパーマトリックスは次のようになる．

$$W = \begin{array}{c|cccccccc} & S_1 & S_2 & 市民性 & シンボル性 & 集客性 & 多目的 & 博物館 & 野球場 \\ \hline S_1 & 0 & 0 & 0 & 0 & 0 & 0.750 & 0.833 & 0.125 \\ S_2 & 0 & 0 & 0 & 0 & 0 & 0.250 & 0.167 & 0.875 \\ 市民性 & 0.682 & 0.143 & 0 & 0 & 0 & 0 & 0 & 0 \\ シンボル性 & 0.216 & 0.143 & 0 & 0 & 0 & 0 & 0 & 0 \\ 集客性 & 0.106 & 0.714 & 0 & 0 & 0 & 0 & 0 & 0 \\ 多目的 & 0 & 0 & 0.784 & 0.117 & 0.084 & 0 & 0 & 0 \\ 博物館 & 0 & 0 & 0.135 & 0.683 & 0.211 & 0 & 0 & 0 \\ 野球場 & 0 & 0 & 0.081 & 0.200 & 0.705 & 0 & 0 & 0 \end{array}$$

したがって，
$$\lim_{n\to\infty} W^{3n+1} = W^*$$
となる．ただし，

$$W^* = \begin{array}{c} \\ S_1 \\ S_2 \\ 市民性 \\ シンボル性 \\ 集客性 \\ 多目的 \\ 博物館 \\ 野球場 \end{array} \begin{bmatrix} S_1 & S_2 & 市民性 & シンボル性 & 集客性 & 多目的 & 博物館 & 野球場 \\ 0 & 0 & 0 & 0 & 0 & 0.564 & 0.564 & 0.564 \\ 0 & 0 & 0 & 0 & 0 & 0.436 & 0.436 & 0.436 \\ 0.447 & 0.447 & 0 & 0 & 0 & 0 & 0 & 0 \\ 0.184 & 0.184 & 0 & 0 & 0 & 0 & 0 & 0 \\ 0.369 & 0.369 & 0 & 0 & 0 & 0 & 0 & 0 \\ 0 & 0 & 0.403 & 0.403 & 0.403 & 0 & 0 & 0 \\ 0 & 0 & 0.264 & 0.264 & 0.264 & 0 & 0 & 0 \\ 0 & 0 & 0.333 & 0.333 & 0.333 & 0 & 0 & 0 \end{bmatrix}$$

となる．

よって，代替案の優先順位は，多目的ホール(0.403)＞野球場・球技場(0.333)＞博物館・美術館 (0.264)となる．また，各評価基準の重みは，それぞれ，市民性 (0.447)，シンボル性 (0.184)，集客性 (0.369)であり，各シナリオの重みは，S_1 (0.564)，S_2 (0.436)に収束する．

Q27　マルコフ連鎖

　私が若い父親だった頃（今でも若いと思っているが），休日に，子供たちにせがまれてよく迷路に行ったものである．その当時はやりの巨大迷路というやつだ．行ってみるとここの迷路は，図9−8に示したようなレイアウトになっていた．Ⅳ地点から出発して①地点がゴールである．何分かかるか，競い合っている家族もいたが，私たち親子は，のんびり楽しむことにした．

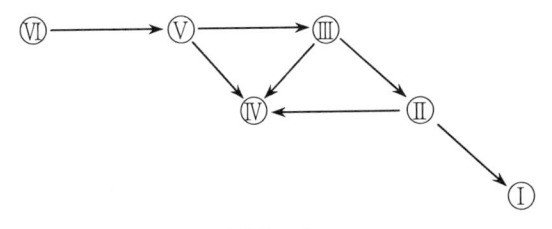

図9−8

ところで，先ほどの迷路において，Ⅵ地点から1時間に100人の客が出発し，到着地Ⅰ地点に到着するものとする．ただし，分岐点Ⅲ，Ⅱ地点において，それぞれ，1/4, 1/3の確率で，直進（Ⅲ→Ⅱ，Ⅱ→Ⅰ）するものとする．このとき，おのおのの道に，1時間あたり，何人ぐらいの客が通過するか，考えてみようというものである．

A27 これは，確率過程におけるマルコフ連鎖の概念を使うとすぐに求められる．この概念は，ソ連の数学者マルコフが，プーシキンの詩「オネーギン」の中の母音と子音の分布状態を調べているときに，偶然に発見したといわれている．「マルコフ連鎖」を数学的用語を用いずに説明するのは難しいが，ごく大ざっぱにいえば「ある段階における事象が，その直前の事象に左右され，それ以前の事象には左右されないような状況を数学的に表現したもの」ということになろう．つまり，「未来は現在にのみ関係し，過去には影響されない」という場合である．

たとえば，タモリの「笑っていいとも」で，つぎつぎに友だちを呼んでくる「友だちの輪ッ」が人気をよんでいるが，このつぎ番組に出てくる人は，その日のゲストだけに左右され，その前の回のゲストとは無関係だ．これなどは典型的な「マルコフ連鎖」といえる．

図9-8に示した迷路も典型的な「マルコフ連鎖」である．次にどの地点へ行くかは，現在の地点にのみ左右され，その前の地点とは無関係であるからだ．しかも，Ⅰ地点に行くとゴールで，迷路は終了するので，吸収源（Ⅰ地点）を有する．

すなわち，この例は，起こりうる状態 {Ⅰ, Ⅱ, Ⅲ, Ⅳ, Ⅴ, Ⅵ} が6つあり，その中で吸収源が1つ，他の状態が5つある吸収マルコフ連鎖である．

さて，一般的に定常な吸収マルコフ連鎖の推移確率行列は次のように表される．

$$P = \begin{array}{c} r\text{個} \\ s\text{個} \end{array} \begin{pmatrix} I & | & 0 \\ \hline T & | & Q \end{pmatrix} \begin{array}{c} r\text{個} \ s\text{個} \end{array}$$

さて,この例の場合,吸収状態は1つしかないから,I 行列は1である.また,非吸収状態 S は5個だから Q は5×5の行列となる.したがって,推移確率行列の P は,次に示すような形となる.

$$P = \begin{array}{c} r=1 \\ S=5 \end{array} \begin{pmatrix} 1 & | & 0 \\ \hline T & | & Q \end{pmatrix} \begin{array}{c} r=1 \ S=5 \end{array}$$

このような推移確率行列 P のなかで,特に非吸収状態間の推移確率行列 Q(5×5の行列)に注目する.この Q に対して,

$$I + Q + Q^2 + \cdots = (I-Q)^{-1}$$

なる関係が成り立つ.この式の右辺 $(I-Q)^{-1}$ は,吸収マルコフ連鎖の基本行列と呼ばれる.ところで,この基本行列には,次のような特性がある.つまり,基本行列の i, j 要素は,i 状態を出発し,まわりまわって j 状態を通過する回数の期待値を表しているというものである.

ところで,この例の場合,Ⅵ地点から1時間に100人の人が出発するので,この $(I-Q)^{-1}$ を計算し(結果も5×5の行列),そのⅥ行(5行目)に注目する.すなわち,この行の要素は,Ⅵ地点を出発した1人の人が j 地点を通過する回収の期待値を表しているからである.

この場合,Ⅲ,Ⅱ両地点での分岐確率は,1/4,1/3であるから,推移確率行列 P は,

$$P = \begin{array}{c} \\ \text{I} \\ \text{II} \\ \text{III} \\ \text{IV} \\ \text{V} \\ \text{VI} \end{array} \begin{array}{c} \text{I} \quad \text{II} \quad \text{III} \quad \text{IV} \quad \text{V} \quad \text{VI} \\ \begin{bmatrix} 1 & 0 & 0 & 0 & 0 & 0 \\ 1/3 & 0 & 0 & 2/3 & 0 & 0 \\ 0 & 1/4 & 0 & 3/4 & 0 & 0 \\ 0 & 0 & 0 & 0 & 1 & 0 \\ 0 & 0 & 1 & 0 & 0 & 0 \\ 0 & 0 & 0 & 0 & 1 & 0 \end{bmatrix} \end{array}$$

のようになる.

したがって,非吸収状態の推移確率行列 Q は,

のようになる．

よって，$(I-Q)$ は，

$$(I-Q) = \begin{array}{c} \text{II} \\ \text{III} \\ \text{IV} \\ \text{V} \\ \text{VI} \end{array} \begin{array}{c} \text{II} \quad \text{III} \quad \text{IV} \quad \text{V} \quad \text{VI} \end{array} \left[\begin{array}{ccccc} 1 & 0 & -2/3 & 0 & 0 \\ -1/4 & 1 & -3/4 & 0 & 0 \\ 0 & 0 & 1 & -1 & 0 \\ 0 & -1 & 0 & 1 & 0 \\ 0 & 0 & 0 & -1 & 1 \end{array} \right]$$

$$Q = \begin{array}{c} \text{II} \\ \text{III} \\ \text{IV} \\ \text{V} \\ \text{VI} \end{array} \left[\begin{array}{ccccc} 0 & 0 & 2/3 & 0 & 0 \\ 1/4 & 0 & 3/4 & 0 & 0 \\ 0 & 0 & 0 & 1 & 0 \\ 0 & 1 & 0 & 0 & 0 \\ 0 & 0 & 0 & 1 & 0 \end{array} \right]$$

のようになる．また，$(I-Q)$ の逆行列は，

$$(I-Q)^{-1} = \begin{array}{c} \text{II} \\ \text{III} \\ \text{IV} \\ \text{V} \\ \text{VI} \end{array} \left[\begin{array}{ccccc} 3 & 8 & 8 & 8 & 0 \\ 3 & 12 & 11 & 11 & 0 \\ 3 & 12 & 12 & 12 & 0 \\ 3 & 12 & 11 & 12 & 11 \\ 3 & 12 & 11 & 12 & 1 \end{array} \right]$$

のようになる．この式のⅥ行に注目する．すると，Ⅵ地点を100人の人が出発するのであるから各地点（Ⅱ，Ⅲ，Ⅳ，Ⅴ，Ⅵ）を通過する回数の期待値は（300，1200，1100，1200，100）となる．この巨大迷路の各道に配分すると図9-9に示すとおりとなる．

さて，地点Ⅲ，Ⅱにおける直進する確率を1/3，1/2にするとどのようになるであろうか．

いま計算した例と同様に考えることができる．すなわち，P は，

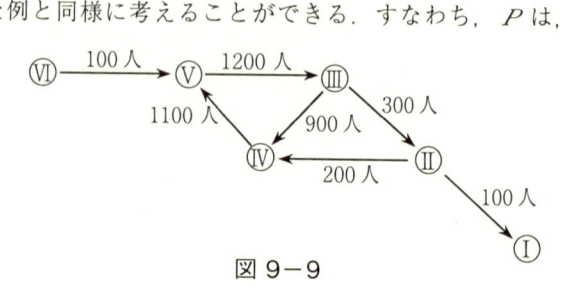

図9-9

$$P = \begin{array}{c} \\ \text{I} \\ \text{II} \\ \text{III} \\ \text{IV} \\ \text{V} \\ \text{VI} \end{array} \begin{array}{c} \begin{array}{cccccc} \text{I} & \text{II} & \text{III} & \text{IV} & \text{V} & \text{VI} \end{array} \\ \left[\begin{array}{cccccc} 1 & 0 & 0 & 0 & 0 & 0 \\ 1/2 & 0 & 0 & 1/2 & 0 & 0 \\ 0 & 1/3 & 0 & 2/3 & 0 & 0 \\ 0 & 0 & 0 & 0 & 1 & 0 \\ 0 & 0 & 1 & 0 & 0 & 0 \\ 0 & 0 & 0 & 0 & 1 & 0 \end{array} \right] \end{array}$$

となり, Q は,

$$Q = \begin{array}{c} \\ \text{II} \\ \text{III} \\ \text{IV} \\ \text{V} \\ \text{VI} \end{array} \begin{array}{c} \begin{array}{ccccc} \text{II} & \text{III} & \text{IV} & \text{V} & \text{VI} \end{array} \\ \left[\begin{array}{ccccc} 0 & 0 & 1/2 & 0 & 0 \\ 1/3 & 0 & 2/3 & 0 & 0 \\ 0 & 0 & 0 & 1 & 0 \\ 0 & 1 & 0 & 0 & 0 \\ 0 & 0 & 0 & 1 & 0 \end{array} \right] \end{array}$$

となり, $(I - Q)$ は,

$$(I - Q) = \begin{array}{c} \\ \text{II} \\ \text{III} \\ \text{IV} \\ \text{V} \\ \text{VI} \end{array} \begin{array}{c} \begin{array}{ccccc} \text{II} & \text{III} & \text{IV} & \text{V} & \text{VI} \end{array} \\ \left[\begin{array}{ccccc} 1 & 0 & -1/2 & 0 & 0 \\ -1/3 & 1 & -2/3 & 0 & 0 \\ 0 & 0 & 1 & -1 & 0 \\ 0 & -1 & 0 & 1 & 0 \\ 0 & 0 & 0 & -1 & 1 \end{array} \right] \end{array}$$

となり, $(I - Q)^{-1}$ は,

$$(I - Q)^{-1} = \begin{array}{c} \\ \text{II} \\ \text{III} \\ \text{IV} \\ \text{V} \\ \text{VI} \end{array} \begin{array}{c} \begin{array}{ccccc} \text{II} & \text{III} & \text{IV} & \text{V} & \text{VI} \end{array} \\ \left[\begin{array}{ccccc} 2 & 3 & 3 & 3 & 0 \\ 2 & 6 & 5 & 5 & 0 \\ 2 & 6 & 6 & 6 & 0 \\ 2 & 6 & 5 & 6 & 0 \\ \boxed{2 & 6 & 5 & 6 & 1} \end{array} \right] \end{array}$$

となる. そこで, この式のⅥ行に注目する. すると, Ⅵ地点を 100 人の人が出発するのであるから, 各地点 (Ⅱ, Ⅲ, Ⅳ, Ⅴ, Ⅵ) を通過する回数の期待値は (200, 600, 500, 600, 100) となる. この巨大迷路の各道に配分すると図 9-10 に示すとおりとなる.

図 9−10

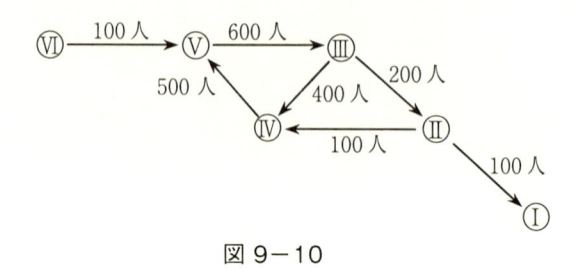

第10章 モンテカルロシミュレーションによる意思決定

Q28 モンテカルロ法の基礎

あるとき,私は,学生から次のような質問を受けた.
すなわち,

$$\int_0^1 f(x)\,dx = \theta \quad (ただし,\ 0 \leq f(x) \leq 1)$$

上式に示した積分値 θ を求めるとき,$f(x)$ が積分可能なら簡単に求められるが,$f(x)$ が積分不可能であったり,大変複雑な関数であった場合,どのようにしたらよいのかというものであった.

積分とは,その積分される区分が定まっていれば,面積を表すことはよく知られている.すなわち,上記の $f(x)$ の積分値は図10-1に示す斜線の部分の面積になる.

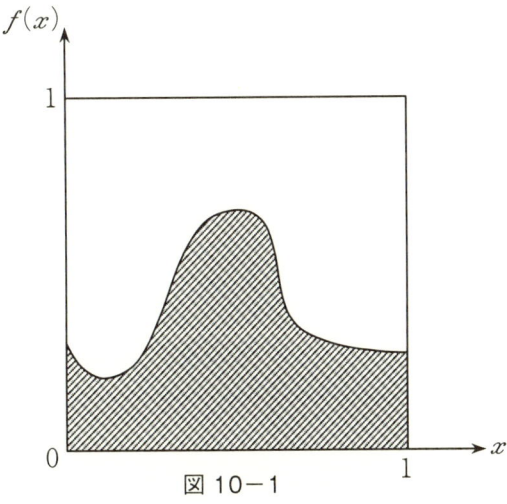

図10-1

ところで、このような問題の場合、積分しなくてもサイコロがあれば積分値 Q は求まるのだと説明すると、その学生は目を丸くして信じなかった。さて、どのようにしてサイコロで積分値を求めることが可能であろうか？

A28　ここに、モンテカルロ・シミュレーションという手法がある。乱数サイ（正20面体のサイコロで、0～9の数字が2つずつ書かれ、一様に数字が出るように作られている）を使い、乱数（無秩序に並んだ数字の列）を発生させる。そこでまず、1組の乱数〔α, β〕を発生させ、この α, β において、

$$f(\alpha) \geqq \beta \tag{10-1}$$

ならば、この乱数〔α, β〕は図10-1において、斜線の部分の点であることがわかる。ところが、

$$f(\alpha) < \beta \tag{10-2}$$

ならば、この乱数〔α, β〕は図10-1において、白い部分の点であることがわかる。だから、何組かの乱数をとり、その総数を N とすると、そのうちの $f(\alpha) \geqq \beta$ を満足し、斜線の部分に入れる乱数の組の数を n とすれば、全体の面積が $1 \times 1 = 1$ なので、

$$\frac{n}{N} = \theta'$$

となる。ここに N を十分に大きくとれば、$\theta' \to \theta$ となり、n の回数をカウントすれば、上の積分値は近似的に求めることになる。

たとえば、

$$\theta = \int_0^1 x^4 dx$$

の積分値 θ をモンテカルロ法により求めてみよう。ただし、乱数は、

$$x_i = 0.\ \boxed{\varepsilon_1}\ \boxed{\varepsilon_2}$$
$$y_i = 0.\ \boxed{\varepsilon_3}\ \boxed{\varepsilon_4}$$

を1組として、50組、すなわち、試行回数 $N = 50$ のシミュレーションとする。ただし、乱数は、乱数サイを用い、$\varepsilon_1 \to \varepsilon_2 \to \varepsilon_3 \to \varepsilon_4$ を順次決めるものとする。

さて、乱数サイにより行った実際のシミュレーション結果を以下に示す

($N=5$ まで，図 10-2 参照).

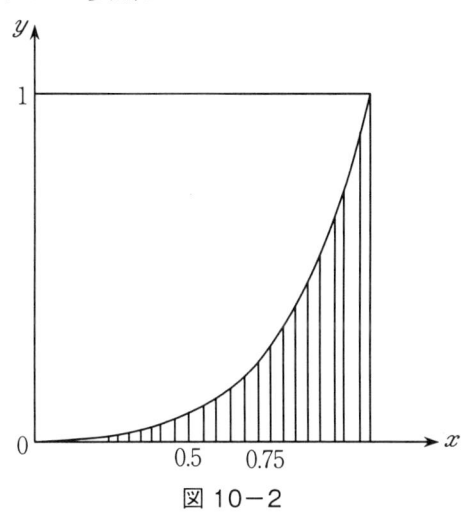

図 10-2

$(x_1, y_1) = (0.36, 0.94)$

$f(x_1) = x_1^4 = 0.36^4 = 0.02 < 0.94 = y_1$

この場合，式 (10-2) を満足するから白い部分の点である．よってカウントされない．

$(x_2, y_2) = (0.42, 0.54)$

$f(x_2) = x_2^4 = 0.42^4 = 0.03 < 0.54 = y_2$

よってカウントされない．

$(x_3, y_3) = (0.67, 0.34)$

$f(x_3) = x_3^4 = 0.67^4 = 0.20 < 0.34 = y_3$

よってカウントされない．

$(x_4, y_4) = (0.69, 0.96)$

$f(x_4) = x_4^4 = 0.69^4 = 0.23 < 0.96 = y_4$

よってカウントされない．

$(x_5, y_5) = (0.95, 0.68)$

$f(x_5) = x_5^4 = 0.95^4 = 0.81 > 0.68 = y_5$

この場合，式 (10-1) を満足するから斜線の部分の点である．よってカウン

トされる．

　以下，6〜50回までの結果は省略するが，試行回数$N=50$のシミュレーションにおいて，図10-2の斜線の部分に入りカウントされた回数は$n=11$である．したがってモンテカルロ方による積分値θ'は，
$$\theta' = \frac{n}{N} = \frac{11}{50} = 0.22$$
となる．ところで，理論計算による値は，
$$\int_0^1 x^4 dx = \left[\frac{x^5}{5}\right]_0^1 = 0.2$$
となり，少し値が違うことがわかる．この場合，Nの数を次第に大きくしていけば0.2に近づくのである．

　たとえば，試行回数$N=1350$のシミュレーションにおいて，図10-2の斜線の部分に入りカウントされた回数は272であった．したがって，積分値θ''は，
$$\theta'' = \frac{n}{N} = \frac{272}{1350} = 0.201$$
となり，理論値に近づくことがわかる．

　ところで，モンテカルロ法とは，基本的には定式化されていて数学的に意味があるが，解析的に解けない問題を解くために，十分多数回なランダムな実験を繰り返し，それを集計することによって，近似的に答えを求めるものである．近年のコンピューターの発達により，他のオペレーションズ・リサーチの手法と同様に有効な威力を発揮するのである．よって，本格的なモンテカルロ法は，すべてコンピューターを使ってシミュレーションするのが普通である．

　さて，ここで，このモンテカルロ法を理解するために「ビュホンの針」という古典的な例を紹介する．この問題は，「長さ2mの針jkを無造作に投げるとき，紙の上に$2a\ (m<a)$の間隔で引かれた平行線のどれかに交わる確率を求める」というものである．さて，この問題での求める確率Pは，針jkの中点lがefとcdの間に落ちる場合だけを考えればよいことになる．さらにこれを言い換えると，ihの上に落ちる場合だけを考えても一般性は失われない．（図10-3参照）

図 10−3

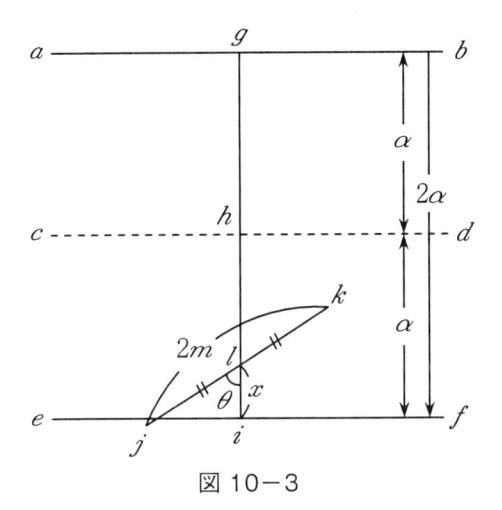

さて，
$$i\ell = x, \quad \angle i\ell j = \theta$$
とすると，
$$0 \leq x \leq \alpha, \quad -\frac{\pi}{2} \leq \theta \leq \frac{\pi}{2}$$
となる．題意により，針 jk が ef と交わるための条件は，
$x \leq m\cos\theta$

すなわち，
$$0 \leq x \leq m, \quad -\cos^{-1}\frac{x}{m} \leq \theta \leq \cos^{-1}\frac{x}{m}$$
である．

$ih = m$ として，ih を細分し，その小区間をとって考える．この小区間が x と $x+\Delta x$ の間であるとし，ℓ がここに落ちてさらに針 jk が ef と交わる確率を求めると，
$$\frac{\Delta x}{\alpha} \frac{2\cos^{-1}\dfrac{x}{m}}{\pi}$$
となる．したがって，求める確率は，
$$\sum \frac{2}{\pi\alpha}\cos^{-1}\frac{x}{m}\Delta x$$
となる．そこで，分割の幅 Δx を限りなく 0 に近づけると次の積分となる．

$$\int_0^1 \frac{2}{\pi\alpha} \cos^{-1} \frac{x}{m} dx$$

これを積分すると，求める確率 P は，

$$P = \frac{2m}{\pi\alpha}$$

となって，

$$\pi = \frac{2m}{P\alpha}$$

が求められる．すなわち，適当に α と m を定め，模擬実験を多数回行うことにより，π が 3.14…… に近づくことがわかる．

Q29 モンテカルロ法の応用

あるサービス会社は，秘書を出張サービスさせる仕事を始めた．電話等で予約を受け，会社へ出向いていくのであるが，この会社の方針として，予定された秘書が病気になったときの交替要員として，3人の秘書が，呼べばすぐ来るように用意しておくことになっている．また秘書が病気になる確率は，次の表（表 10-1，表 10-2 参照）のようである．

病気の秘書の数	確率
0	0.20
1	0.30
2	0.20
3	0.15
4	0.10
5	0.05

表 10-1

病気の秘書の数	累積度数
1	0.20
0, 1	0.50
0, 1, 2	0.70
0, 1, 2, 3	0.85
0, 1, 2, 3, 4	0.95
0, 1, 2, 3, 4, 5	1.00

表 10-2

さて，モンテカルロ法を用いて，用意した交替要員の秘書の利用度を推定し，あわせて秘書がいないために予約をキャンセルする確率を推定してみよう．さらに，その結果と，理論解を比較してみよう．

A29　この問題をモンテカロ法により解く場合，まず，病気の秘書の数を乱数により決めなければならない．そのためには，病気の秘書の数の確率分布における累積度数分布を作る必要がある．そこで，0.00 から 0.99 までの乱数を発生させ，その乱数の値により，病気の秘書の数を決めるのである．乱数の値を x とすると，

$$0.00 \leq x < 1.00$$

であるので，それぞれ次の場合に分けられる．

　　　$0.00 \leq x < 0.20$ ……病気の秘書の数 0 人
　　　$0.20 \leq x < 0.50$ ……　　〃　　　1 人
　　　$0.50 \leq x < 0.70$ ……　　〃　　　2 人
　　　$0.70 \leq x < 0.85$ ……　　〃　　　3 人
　　　$0.85 \leq x < 0.95$ ……　　〃　　　4 人
　　　$0.95 \leq x < 1.00$ ……　　〃　　　5 人

さて，病気の秘書の数が 3 人までなら，題意により予備の秘書を充当し，4，5 人のときはキャンセルになる．そこで，乱数サイにより試行回数 $N=50$ のシミュレーションを行い，その結果を表 10-3 に示す．

したがって，交替要員の秘書の平均利用度は次のようになる．

　　　試行回数 $N=50$，総利用度数 74

　　　平均利用度数 $\dfrac{74}{50} = 1.48$

次にキャンセルする確率は次のようになる．

　　　試行回数 $N=50$，キャンセルの回数 9

　　　キャンセルの確率 $\dfrac{9}{50} = 0.18$

一方，理論解は次のようになる．まず，理論平均利用度は

$$1 \times 0.30 + 2 \times 0.20 + 3 \times (0.15 + 0.10 + 0.05) = 1.6$$

となり，理論によるキャンセルの確率は，病気の秘書が 4 人または 5 人である確率に等しいから，

乱数	病人の数	利用度	取消	乱数	病人の数	利用度	取消	乱数	病人の数	利用度	取消
0.47	1	1		0.07	0	0		0.97	5	3	○
0.17	0	0		0.56	2	2		0.16	0	0	
0.72	3	3		0.41	1	1		0.79	3	3	
0.12	0	0		0.96	5	3	○	0.16	0	0	
0.86	4	3	○	0.11	0	0		0.28	1	1	
0.96	5	3	○	0.98	5	3	○	0.82	3	3	
0.06	0	0		0.38	1	1		0.53	2	2	
0.58	2	2		0.23	1	1		0.56	2	2	
0.48	1	1		0.21	1	1		0.76	3	3	
0.09	0	0		0.96	5	3	○	0.03	0	0	
0.00	0	0		0.88	4	3	○	0.70	3	3	
0.44	1	1		0.59	2	2		0.15	0	0	
0.12	0	0		0.88	4	3	○	0.69	2	2	
0.16	0	0		0.97	5	3	○	0.22	1	1	
0.14	0	0		0.20	1	1		0.83	3	3	
0.82	3	3		0.15	0	0		0.43	1	1	
0.38	1	1		0.56	2	2					

表 10-3

$$0.10 + 0.05 = 0.15$$

となる.ところで,試行回数 $N=50$ のシミュレーションと理論解との値には若干の差異が生じたが,試行回数 N を次第に大きくしていけば,その値は理論解に限りなく近づいていくことがわかる.

Q30 ベルトランの逆説

与えられた円に任意に一本弦を引くとき,この弦の長さが内接正三角形の一辺の長さより大きくなる確率をモンテカルロシミュレーションにより解いてみよう.またこの結果と理論的な解とを比較してみよう.

A30 まず，この問題をモンテカルロシミュレーションで解くことにしましょう．

そこで，半径が 1/2 で，中心が (1/2, 1/2) の円を考え，それに内接する正三角形の一辺の長さを l とする．そこで任意の弦を引くのであるが，それは円周上に任意の 2 点をポイントすることである．それには，まず x 軸上に区間 [0, 1] までの乱数を発生させる．その後，y の値は必然的に「円の上」の点か「円の下」の点かの 2 通りに決まるから（図 10-4 参照），上か下かは乱数によってランダムに決める．

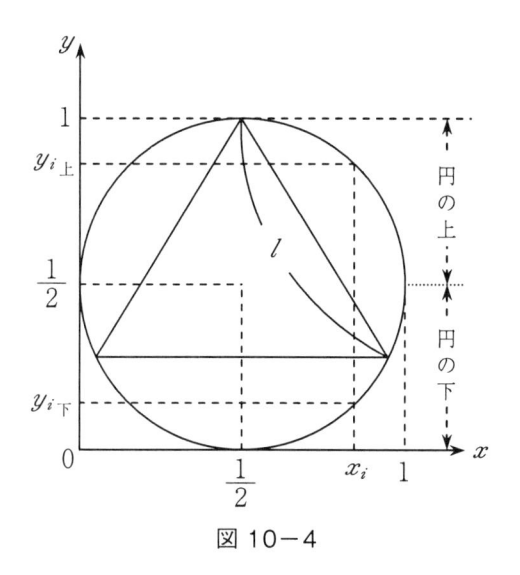

図 10-4

このようにして，2 点 (x_1, y_1), (x_1, y_2) を決めると，弦の長さ z は次の式で求められる．
$$z = \sqrt{(x_1-x_2)^2 + (y_1-y_2)^2}$$
そして，z と l の大小関係を比較し，
$$z > l$$
ならば，題意を満たしているのでカウントされ，
$$z \leq l$$
ならば，題意に反しているのでカウントされない．

このような弦を N 個，乱数により作り，そのうち，n 個がカウントされればモンテカルロシミュレーションにより，

$$P = \frac{n}{N}$$

となり，確率 P を求めることができる．$N=10^5$ 程度のシミュレーションをコンピュータを使って実際に試してみたところ，結果は，

$$P = \frac{n}{N} = \frac{1}{3}$$

となった．

一方，理論的な解は，解釈の仕方によって，3 通りの答えが出てくる．この問題は，別名「ベルトランの逆説」という有名な古典である．そこで，これら 3 つの解釈を順を追って紹介する．

①　対象性から弦の一端を固定して考えても一般性を失わない．その点を P として，P を頂点とする内接正三角形の他の頂点を Q，R とする．P を一端とする弦 PX の長さが，内接正三角形の一辺 PQ の長さより大きくなるのは，X が弧 QR 上にきたときである．任意に弦を引くというのは，円周上に任意に 1 点 X をとることだと考えられるから，求める確率は，

$$P = \frac{\overset{\frown}{QR}}{全円周} = \frac{1}{3}$$

となる〔図 10-5 参照〕

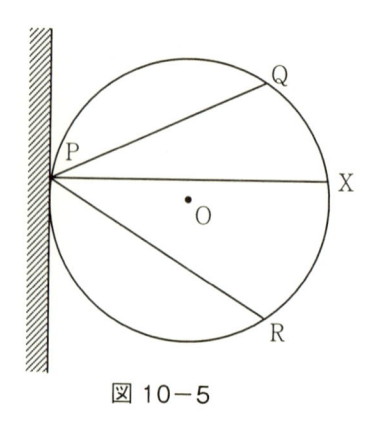

図 10-5

[2] 弦 PQ の位置は，PQ の中央点 R によって定められていると考えても，一般性を失わない．PQ の長さが内接正三角形の一辺より長くなるときは，点 R が与えられた円 O の半径 r の1/2を半径とし，中心が O である円の内部にくるときである．任意に弦を引くというのは，中点 R を与えられた円内の任意の点に置くことだと考えられるから，求める確率は，

$$P = \frac{[\text{半径}\, r/2\, \text{の円の面積}]}{[\text{半径}\, r\, \text{の円の面積}]} = \frac{1}{4}$$

となる．（図 10-6 参照）

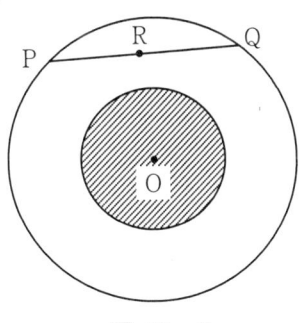

図 10-6

[3] 対象性から弦の方向は一定と考えても一般性を失わない．その方向に垂直な直径を PQ, 中心 O と P の中点を R, O と Q の中点を S とする．PQ 上の1点 X を通って PQ に垂直な弦 YZ を引くとき，YZ の長さが内接正三角形の一辺より長くなるのは，図 10-7

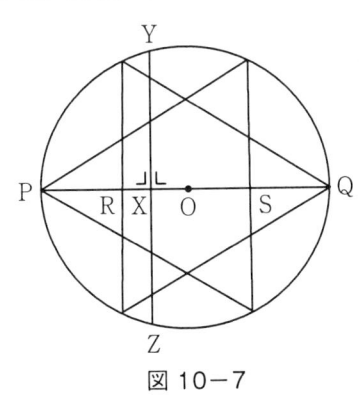

図 10-7

よりわかるように，X が R と S の間にあるときである．任意に一本の弦を引くというのは，PQ 上に任意の 1 点を取ることだと考えて何ら差し支えないから，求める確率は，

$$P = \frac{RS}{PQ} = \frac{1}{2}$$

となる．

このように，ベルトランの逆説の理論的解は，解釈の仕方によって，1/3, 1/4, 1/2 と 3 通り出てきた．同じ問題で答えが 3 つもあるのはおかしいのではないか，という疑問が出てきても不思議ではない．さてこの問題はどう考えればよいのであろうか．3 つとも正しいのであろうか？ それとも他の 2 つは誤っているのであろうか？

先に行ったモンテカルロシミュレーションは，1 の答え 1/3 と同じになった．これにより，1 の解釈がより一般性を有していると考えられる．

付 録

AHP の数学的背景

階層のあるレベルの要素 $A_1, A_2, \cdots, A_n$ のすぐ上のレベルの要素に対する重み $W_1, W_2, \cdots, W_n$ を求めたい．このとき，a_i の a_j に対する重要度を a_{ij} とすれば，要素 $A_1, A_2, \cdots, A_n$ のペア比較マトリックスは，$A=[a_{ij}]$ となる．もし $w_1, w_2, \cdots, w_n$ が既知のとき，$A=[a_{ij}]$ は (1) のようになる．

$$A=[a_{ij}]=\begin{array}{c} \\ A_1 \\ A_2 \\ \vdots \\ A_n \end{array} \begin{array}{cccc} A_1 & A_2 & \cdots\cdots & A_n \end{array} \\ \begin{pmatrix} w_1/w_1 & w_1/w_2 & \cdots\cdots & w_1/w_n \\ w_2/w_1 & w_2/w_2 & \cdots\cdots & w_2/w_n \\ \vdots & \vdots & \vdots & \vdots \\ w_n/w_1 & w_n/w_2 & \cdots\cdots & w_n/w_n \end{pmatrix} \quad (1)$$

ただし，

$$a_{ij}=w_i/w_j, \quad a_{ij}=1/a_{ji}, \quad w=\begin{pmatrix} w_1 \\ w_2 \\ \vdots \\ w_n \end{pmatrix} \quad (i, j=1, 2, \cdots, n)$$

ところで，この場合のすべての i, j, k について，$a_{ij} \times a_{jk} = a_{ik}$ が成り立つ．これは，意思決定者の判断が完全に首尾一貫していることである．さて，このペア比較マトリックス A に重み列ベクトル w を掛けると，ベクトル $n \cdot w$ を得る．すなわち，

$$A \cdot w = n \cdot w$$

となる．この式は固有値問題

$$(A - n \cdot I) \cdot w = 0 \quad (2)$$

に変形できる．ここで，$w \neq 0$ が成り立つためには，n が A の固有値にならなければならない．このとき，w は A の固有ベクトルとなる．さらに，A

のランクは1であるから，固有値 λi $(i=1,2,\cdots,n)$ は1つだけが非零で他は零となる．

また，A の主対角要素の和は n であるから，ただ1つ0でない λi を $\lambda \max$ とすると，

$$\lambda = 0, \quad \lambda\max = n \quad (\lambda i = \lambda\max) \tag{3}$$

となる．

したがって，$A_1, A_2, \cdots, A_n$ に対する重みベクトル w は，A の最大固有値 $\lambda\max$ に対する正規化した（$\sum wi = 1$）固有ベクトルとなる．

さて，実際に複雑な状況下にある問題を解決するときは w が未知であり，w' を求めなければならない．したがって，w' は意思決定者の答から得られたペア比較マトリックスより計算する．このような問題は，

$$A'w' = \lambda'\max w' \quad (\lambda'\max は A' の最大固有値)$$

となる．したがって，前述したように w' は，A' の最大固有値 $\lambda'\max$ に対する正規化した固有ベクトルとなる．これにより未知の w' が求まる．

ところで，実際に状況が複雑になればなるほど意思決定者の答えが整合（首尾一貫）しなくなる．このように A' が整合しなくなるにつれて，必ず $\lambda'\max$ は n より大きくなる．これは，(4) に示すサティーの定理より明らかになる．

$$\lambda\max = n + \sum_{i=1}^{n}\sum_{j=i+1}^{n} \frac{(w'_j a_{ij} - w'_i)^2}{w'_i w'_j a_{ij} n} \tag{4}$$

より，常に $\lambda\max \geq n$ が成り立ち，等号は首尾一貫性の条件が満たされるときにのみ成立する．

これから，首尾一貫性の尺度として，次式

$$C.I. = \frac{\lambda'\max - n}{n-1} \tag{5}$$

を整合度指数（コンシステンシー指数，Consistency Index）とする．すなわち，行列 A' には n 個の固有値があり，その和は n となることがわかっている．

したがって，(5) 式の分子は，$\lambda'\max$ 以外の固有値の大きさを示す指標とみることができる．そして $(n-1)$ 個の固有値でこの指標をもつので，1 個当たりの平均値は (5) 式となる．

行列 A が完全な整合性をもつ場合はこの値は 0 であり，それが大きくなるほど，不整合性は高いと見る．ただし，サティーは，$C.I.$ 値が 0.1（場合によっては 0.15）以下であれば合格とすることを，経験則より提案している．

エピローグ

　本書は，Q＆A形式で意思決定論について詳しく書いたものである．というのは，これからの社会で生き抜いていくためには，戦略的意思決定が重要なツールになると思われるからである．
　ところで，21世紀に入り，ネットワーク社会（インターネット社会）で必要とされる人材にとって必須のスキルは「語学力」「コンピュータ」「財務力」「情報力」と考えられる．これらは，論理的思考能力を支えるものである（図）

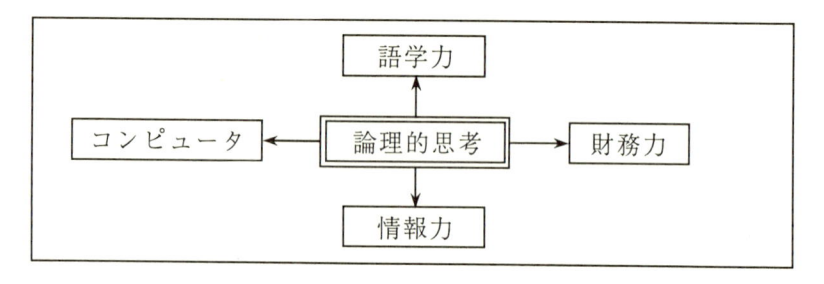

```
                  ┌──────┐
                  │ 語学力 │
                  └──────┘
                     ↑
┌────────┐       ┌──────────┐       ┌──────┐
│コンピュータ│ ← │ 論理的思考 │ → │ 財務力 │
└────────┘       └──────────┘       └──────┘
                     ↓
                  ┌──────┐
                  │ 情報力 │
                  └──────┘
```

1) 語学力：外国からの情報を処理し，分析するために必要なスキルである．
2) コンピュータ：単なるコンピュータの操作だけでなく，サイバー能力（ネットワーク社会で情報を収集し，発信し，管理していく能力）を育成するために必要なスキルである．
3) 財務力：単なる会計学のことではなく，広くファイナンスのスキルを指している．自己戦略にファイナンス力は必須である．
4) 情報力：21世紀に必要とされる人材は，入力された情報に「知的付加価値」をつけて情報を出力し，その差額で富を得る．したがって，情報力とは「知的付加価値」を生み出すスキルである．

　この本で学んだ「意思決定論」は，「コンピュータ」，「財務力」，「情報力」といったスキルを得るために重要なツールの1つである．これら

のスキルは，インターネット社会（ネットワーク社会）に必要不可欠だということはいうまでもないだろう．また，ツールとしての「意思決定論」も，今後，日本で生き延びるためには，身につけておくべきことだと思う．

　最後に，本書を執筆するにあたり，先輩諸氏の著書等を多数参考にさせていただいた．これらの諸氏にお礼申しあげる．

参考文献

〔1〕木下栄蔵『入門統計解析』講談社サイエンティフィック，2001
〔2〕木下栄蔵『入門数理モデル』日科技連出版社，2001
〔3〕木下栄蔵『オペレーションズ・リサーチ』工学図書，1995
〔4〕伏見多美雄 他『経営の多目標計画』森北出版，1987
〔5〕T.L.Saaty『The Analytic Hierarchy Process』McGraw–Hill，1980
〔6〕木下栄蔵『入門 AHP』日科技連出版社，2000
〔7〕武藤真介『計量心理学』朝倉出版，1982
〔8〕木下栄蔵『孫子の兵法の数学モデル』講談社ブルーバックス，1998

著者紹介

木下栄蔵（きのした えいぞう）

1949年京都生まれ
京都大学大学院修士課程修了，工学博士．
現在，名城大学都市情報学部教授．
専門は数理計画学・統計解析．
AHPは十数年来の研究テーマで，このモデルを使ってさまざまな問題解決に取り組むかたわら，新しいAHP理論の構築をめざして研究している．
また各種セミナー・講演会を通じてAHPの普及に努めている．
第6回AHP国際シンポジウムでBest Paper Awardを受賞．
また，文部科学省 科学技術政策研究所 客員研究官を兼務している．

主な著書

『成功と失敗の科学』（徳間書店）
『孫子の兵法の数学モデル』，『孫子の兵法の数学モデル・実践編』，
『Q&Aで学ぶ確率・統計の基礎』（講談社ブルーバックス）
『入門統計解析』（講談社サイエンティフィック）
『好き嫌いの数学』，『好奇心の数学』（電気書院）ほか多数．

Q&A：入門意思決定論
―― 戦略的意思決定とは ――

2004年10月1日　初版1刷発行

著　者　木下栄蔵
発行者　富田　栄
発行所　株式会社　現代数学社
〒606-8425　京都市左京区鹿ケ谷西寺ノ前町1番地
TEL&FAX 075-751-0727
http://www.gensu.co.jp/

検印省略

印刷・製本　株式会社　合同印刷

ISBN4-7687-0351-8

落丁・乱丁はお取替えいたします．